中等职业教育中餐烹饪专业系列教材

西饼房岗位实务

第2版

主　编　秦　辉　蒋湘林
副主编　李晓玲　程开治
参　编　王　悦　陶　勇　阳德明
　　　　杨德军　周泽红

重庆大学出版社

内容提要

本书以现代星级酒店西厨房中设置的面包房、饼房和巧克力房等企业实际工作岗位划分，以面包制作、蛋糕制作、巧克力制作等工作任务为主线展开，共计 18 个工作项目、35 个具体工作任务和 18 个项目实训评价。在每个项目中均以任务形式排序，每个任务设有学习目标、任务描述、任务分析、任务考核、任务评价、任务拓展、任务反思、课后练习，以及项目实训等内容。

本书的显著特点是立足企业实际与模块化，使用者可根据教学需要和地方特色调整内容，特别适合学生学习与技能培养。本书既可作为烹饪学生的专业教材，也可作为“1+X”职业技能等级证书的培训教材。

图书在版编目（CIP）数据

西饼房岗位实务 / 秦辉，蒋湘林主编. --2 版. --重庆：重庆大学出版社，2022.4

中等职业教育中餐烹饪专业系列教材

ISBN 978-7-5624-9266-5

Ⅰ.①西… Ⅱ.①秦… ②蒋… Ⅲ.①糕点加工—西方国家—中等专业学校—教材 Ⅳ.①TS213.2

中国版本图书馆 CIP 数据核字（2021）第216415号

中等职业教育中餐烹饪专业系列教材

西饼房岗位实务（第2版）

主　编　秦　辉　蒋湘林

副主编　李晓玲　程开治

策划编辑：史　骥

特约编辑：何俊峰

责任编辑：李桂英　　版式设计：史　骥

责任校对：刘志刚　　责任印制：张　策

*

重庆大学出版社出版发行

出版人：饶帮华

社址：重庆市沙坪坝区大学城西路21号

邮编：401331

电话：（023）88617190　88617185（中小学）

传真：（023）88617186　88617166

网址：http：//www.cqup.com.cn

邮箱：fxk@cqup.com.cn（营销中心）

全国新华书店经销

重庆长虹印务有限公司印刷

*

开本：787mm×1092mm　1/16　印张：14　字数：361千

2015年8月第1版　2022年4月第2版　2022年4月第4次印刷

印数：8 001—10 000

ISBN 978-7-5624-9266-5　定价：59.00元

第2版前言

为进一步深化中等职业教育改革和发展，适应专业教学要求，提高专业教育教学质量，重庆大学出版社组织全国有关学校的职教专家、一线教师、行业专家，新开发并编写了中等职业教育中餐烹饪专业系列教材。

《西饼房岗位实务》在编写过程中以就业为导向、以能力为本位，力求内容涵盖典型岗位（群）所需的职业素养、专业知识和职业技能，以满足社会、市场、企业和学生个人发展需求。

本书打破了传统的知识传授方式，注重动手能力的培养，实现专业教学与学生就业岗位的零距离对接。在教学内容的编排中，本书按企业岗位实务进行划分，以项目为主线、以任务为引领，每个项目中，以任务形式排序，每个任务设有学习目标、任务描述、任务分析、任务考核、任务评价、任务拓展、任务反思、课后练习，每个项目设有项目实训。

本书的显著特点是立足企业实际与模块化，使用者可根据教学需要和地方特色调整内容，特别适合学生的学习与技能培养。本书既可作为烹饪专业学生的教材，也可作为“1+X”职业技能等级证书的培训教材。

本书由桂林市旅游职业中等专业学校秦辉、蒋湘林担任主编；桂林丹桂大酒店李晓玲、桂林市旅游职业中等专业学校程开治担任副主编；桂林市旅游职业中等专业学校王悦、陶勇、阳德明，桂林香格里拉大酒店杨德军，桂林喜来登大酒店周泽红担任参编。全书编写分工如下：秦辉、李晓玲编写项目 1、项目 2、项目 3、项目 4；蒋湘林编写项目 5、项目 7、项目 9、项目 10、项目 12、项目 13；程开治编写项目 6、项目 11、项目 15、项目 17、项目 18；蒋湘林、王悦编写项目 8、项目 14；程开治、王悦编写项目 16；秦辉、蒋湘林编写附录，以及全书统稿；王悦、陶勇、阳德明、杨德军参与了本书目录结构的确定以及项目内容撰写的研讨。

本书在编写前，充分征询了桂林宾馆总经理陶毅与原西厨厨师长高醇焱、桂林帝苑酒店原西厨厨师长罗红、阳朔碧莲峰江景大酒店行政总厨黄建刚、桂林喜来登大酒店原助理行政总厨管志中、桂林市教育科学研究所职业教育与成人教育教研室原主任李志萍等行业专家、职教专家的意见，并得到了悉心指导，还得到了众多同仁的鼎力相助。

本书的第 2 版修订工作由秦辉、周泽红共同完成。编者在修订过程中补充或删除了部分内容，纠正了原书中的不足之处。

本书在编写过程中，参考并引用了一些书籍的内容、格式，在此向相关作者致以衷心的感谢！

由于编者水平有限，书中疏漏之处在所难免，敬请各位读者、专家、同行批评指正，以臻完善。

编　者

2021年2月

第1版前言

为进一步深化中等职业教育改革和发展，适应专业教学要求，提高专业教育教学质量，重庆大学出版社组织全国有关学校的职教专家、一线教师、行业专家，新开发并编写了中等职业教育中餐烹饪专业系列教材。

“西饼房岗位实务”是中等职业教育中餐烹饪专业的专业课程。本书在编写中紧紧围绕专业培养目标，以就业为导向、以能力为本位，以实用、够用为原则，以学生为中心，突出学生的专业技能培养、职业素质培养、企业岗位能力培养，力求内容涵盖国家职业资格西式面点师中级证书的知识和技能要求。

本书按企业岗位实务进行划分，以项目为主线，以任务为引领，每个项目中，以任务形式排序，每个任务设有学习目标、任务描述、任务分析、任务考核、任务评价、任务拓展、任务反思、课后练习，每个项目设有项目实训等。

本书的显著特点是立足企业实际与模块化，使用者可根据教学需要和地方特色调整内容，特别适合学生的自主学习与技能培养。本书既可作为烹饪学生的专业教材，也可作为西式面点技能培训的教材。

本书由广西特级教师、桂林市烹饪专业学科带头人和专业带头人、桂林市旅游职业中等专业学校中学高级教师、高级技师、国家职业技能鉴定考评员秦辉，桂林市旅游职业中等专业学校讲师、高级技师、国家职业技能鉴定考评员、职业院校技能大赛优秀指导教师蒋湘林担任主编；桂林市旅游职业中等专业学校助理讲师、高级技师、国家职业技能鉴定考评员程开治，桂林丹桂大酒店点心部主管李晓玲担任副主编；参编人员有桂林市旅游职业中等专业学校中学一级教师、高级技师、国家职业技能鉴定考评员、职业院校技能大赛优秀指导教师王悦，桂林漓江大瀑布饭店西饼房厨师长陶勇，桂林台联酒店点心部主管阳德明，桂林香格里拉大酒店西饼房厨师长杨德军。全书编写分工如下：秦辉、李晓玲编写项目 1、项目 2、项目 3、项目 4；蒋湘林编写项目 5、项目 7、项目 9、项目 10、项目 12、项目 13；程开治编写项目 6、项目 11、项目 15、项目 17、项目 18；蒋湘林、王悦编写项目 8、项目 14；程开治、王悦编写项目 16；秦辉、蒋湘林编写附录 1、附录 2，以及统稿；王悦、陶勇、阳德明、杨德军参与了本书目录结构的确定及项目内容撰写的研讨。

本书在编写前，充分征询了桂林宾馆总经理陶毅与西厨厨师长高醇焱、桂林帝苑酒店西厨厨师长罗红、阳朔碧莲峰江景大酒店行政总厨黄建刚、桂林喜来登大酒店助理行政总厨管志中、桂林市教育科学研究所职业教育与成人教育教研室主任李志萍等行业专家、职教专家的意见，并得到了悉心指导，同时还得到了众多同仁的鼎力相助，在此表示衷心的感谢！

本书在编写过程中，参考并引用了一些书籍的内容、格式，在此向有关作者致以衷心的感谢！

由于编写时间仓促，编者水平有限，书中疏漏之处在所难免，敬请各位读者、专家、同仁提出并批评指正，以臻完善。

编　者

2014年12月

目　录

模块1　面包房岗位实务

模块2　饼房岗位实务

模块3 巧克力房岗位实务

附 录

面包房岗位实务

现代星级酒店西厨房中通常都设置有面包房、饼房和巧克力房等。面包房的工作主要是生产各种不同的面包供客人享用。

面包是以小麦粉为主要原料，以酵母、鸡蛋、油脂、糖、乳品、果仁等为辅料，加水调制成面团，经过发酵、整形、成型、烘焙、冷却、包装等过程加工而成的烘焙食品。从历史发展进程和饮食习惯来看，以面包为日常主要碳水化合物食物来源的国家主要集中在欧洲、北美、南美、澳大利亚、中东地区以及曾经经历欧洲殖民主义统治的亚洲、非洲等一些国家。

面包从材料上区分主要有主食面包、花色面包、调理面包和丹麦酥油面包等几个大类，由此衍生出的面包品种繁多。面包一般作为早餐、下午茶点心和中晚餐的配餐及主食，食用时多佐以黄油、果酱、浓汤。

项目 1

甜味面包的制作

甜味面包属于软质面包，配方中使用较多的糖、油脂、鸡蛋、水等柔性原料，具有组织松软、富有弹性、结构细腻、体积膨大等特点。

任务1 甜面包的制作

【学习目标】

★熟悉甜面包制作工艺流程。
★掌握面团搅拌投料的顺序和搅拌程度的判断。
★掌握甜面包整形方法及馅料、装饰料的制法。
★掌握甜面包发酵程度判断方法。
★掌握甜面包烘焙技术要领。

【任务描述】

甜面包在国外多为早点或休息时作为点心的面包。甜面包中除面粉、酵母、盐和水 4 种基本原料外，还加入了较多的糖、油、鸡蛋、奶粉等原辅料。甜面包入口香甜松软，属于典型的软质面包。甜面包内质和外皮均质地细腻、组织均匀，形状、花色品种繁多，外观漂亮诱人，特别是各种包馅的甜面包，更是风味各异，能满足不同消费者的饮食需要。

【任务分析】

1.1.1 制作原料分析

①面粉：选用高筋面粉，其蛋白质含量在 12.2% 以上，吸水率 62% ~ 64%。面粉由于蛋白质含量高，面筋质也较多，因此筋性强。面粉内的面筋蛋白质加水经搅拌后形成网状

面筋，起到支撑面包组织的骨架作用。面粉内的淀粉吸水胀润，并在适宜的温度下糊化、固定，这两方面的共同作用，形成了面包组织结构。面筋的弹性与延伸性使面团具有良好的持气性，从而使面包具有膨大的体积。

②油脂：是面包重要的辅助原料之一，对改善制品品质、风味和提高营养价值起着重要的作用。

③糖：是面包的辅助原料，起到改善面团物理性质、提高制品营养价值的作用，可作为酵母的营养物质，促进发酵。

④水：在面包生产中，水的用量占面粉的 50% 以上，是面包生产的基本原料之一。

⑤盐：是面包生产的基本原料之一，用量不多，但不可缺少。盐可以增加面团的筋力，使面筋网络更加致密，能抑制酵母发酵。

⑥酵母：是面包生产中不可缺少的重要原料之一。现市场上常见的是利用现代生物技术和先进设备将工业规模生产的酵母细胞干燥成干物质含量在 95% 以上、水分含量在 5% 以下的产品。水溶后瞬间变成具有生理活性的细胞，因此又称为即发活性干酵母。该产品被广泛用于食品工业和发酵工业。

1.1.2 制作过程分析

制作甜面包一般需经过准备工作、称量原料、原料搅拌、面团发酵、面团加工、二次发酵、表面修饰、烘焙成熟等步骤。具体操作方法与注意事项如下：

1）准备工作

①设备用具：远红外线电烤炉、烤盘、发酵箱、多功能搅拌机、粉筛、勺子、小号不锈钢碗、油刷、量杯、台秤等。

②原料：高筋面粉、白糖、黄油、鸡蛋、奶粉、面包改良剂、酵母、盐、水等。

注意事项：工作前检查设备工具、原材料是否完好齐全，做好清洁卫生工作。

2）制作过程

（1）称量原料

甜面包原料及参考用量表

原　料		烘焙百分比 /%	参考用量 /g	说　明
甜面包	高筋面粉	100	500	—
	白糖	20	100	以面粉为基数计算
	黄油	10	50	
	鸡蛋	15	75	
	奶粉	3	15	
	面包改良剂	1	5	
	酵母	2	10	
	盐	1	5	
	水	50	250	

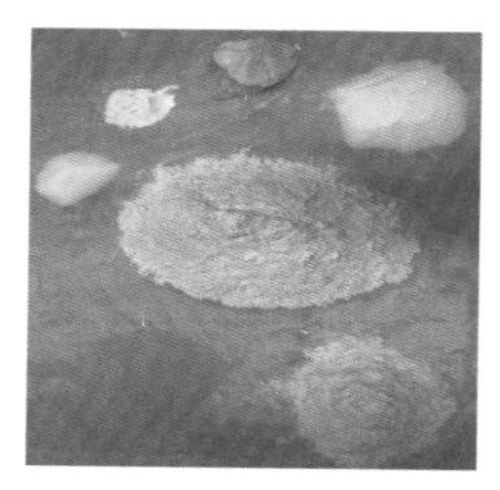

注意事项：在称量原料时一定要把比例算准确。

（2）原料搅拌

操作方法：

①将所有干性原料（高筋面粉、白糖、奶粉、酵母）投入搅拌缸中，慢速搅拌均匀。

②加入鸡蛋慢速搅拌，再分次加入水，快速搅拌至面筋初步形成阶段。

③加入黄油，用慢速搅拌均匀；改用快速搅拌至面筋完全扩展。

④用手拉开面团能拉出均匀、透明的薄膜即为最佳状态，面团温度应为 26 ～ 28 ℃。

  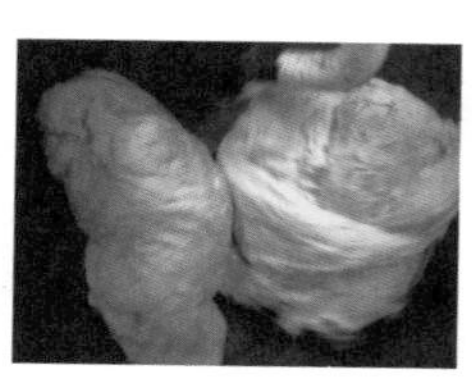 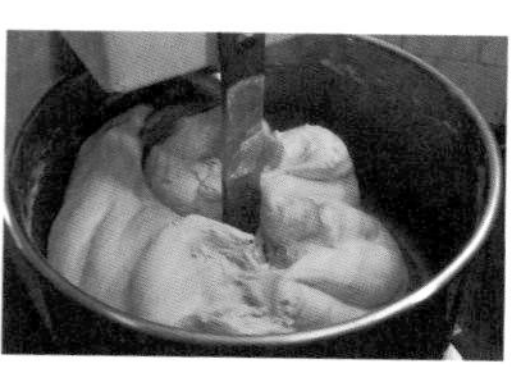

注意事项：投放原料的顺序要正确，并掌握好搅拌面团的时间，面团搅拌不足或过度搅拌，对面包品质都会有影响。

（3）面团发酵

操作方法：将面团放入发酵箱中（温度控制在 28 ℃）发酵 30 分钟。

注意事项：掌握好发酵时间和温度。

（4）面团加工

操作方法：

①将第一次发酵好的面团按所需质量进行分割（每个重 60 g）。

②面团置于案台上松弛 5 分钟，搓圆成型。

注意事项：面团成型时一定要揉匀揉透，使其表面光滑，以利于气体保存，将其搓圆的目的是恢复被分割时破坏的面筋网状结构，排除部分二氧化碳气体，便于酵母的生长繁殖。

（5）二次发酵

操作方法：将揉好的生坯排入烤盘内，放入发酵箱内发酵。温度控制在 28 ~ 35 ℃，相对湿度为 60% ~ 75%，发酵时间为 1 ~ 1.5 小时。

注意事项：面团发酵不足和发酵过度对面包质量都有很大的影响。发酵不足：面团体积小，组织不疏松，弹性差。发酵过度：体积膨大，刷鸡蛋液时易塌，烤后组织粗糙。

（6）表面修饰

操作方法：取出发酵好的生坯，在生坯表面刷鸡蛋液，撒上各种装饰料。

注意事项：刷鸡蛋液时动作要轻，以免生坯塌陷。

（7）烘焙成熟

操作方法：烤箱预热，上火 200 ℃，下火 180 ℃，烘烤 15 ~ 20 分钟，将生坯入炉烘烤至金黄色即可。

注意事项：注意烤箱温度与烘烤时间。温度高、时间短：易发生外焦里不熟的现象。温度低、时间长：水分易流失，成品组织不疏松。

【任务考核】

学员以 6 人为一个小组合作完成甜面包制作技能训练。参照制作过程、操作方法及注意事项进行练习，共同探讨甜面包的制作并完成训练进度表。

训练内容	训练重点	时间记录	训练效果	改进措施
甜面包的制作	准备工作			
	原料搅拌			
	面团发酵			
	面团加工			
	二次发酵			
	装饰与烘烤			
	安全与卫生			

【任务拓展】

以小组为单位，由组长组织，教师指导，按下表中的要求做出相应的组内评价和小组互评，通过讨论给出任务完成效果等级。

评价项目	序　号	评价要点	组内评价	小组互评	教师评价
甜面包的制作	1	面团的软硬程度是否适度	A 达标 /B 不达标	A 达标 /B 不达标	A 达标 /B 不达标
	2	整体形态一致、造型美观	A 达标 /B 不达标	A 达标 /B 不达标	A 达标 /B 不达标

续表

评价项目	序　号	评价要点	组内评价	小组互评	教师评价
甜面包的制作	3	口感松、软、香	A 达标 /B 不达标	A 达标 /B 不达标	A 达标 /B 不达标
	4	外形适当点缀	A 达标 /B 不达标	A 达标 /B 不达标	A 达标 /B 不达标
	5	食品卫生	A 达标 /B 不达标	A 达标 /B 不达标	A 达标 /B 不达标
	6	120 分钟内完成制品制作	A 达标 /B 不达标	A 达标 /B 不达标	A 达标 /B 不达标
	7	完成任务效果	优秀：≥ 4A 合格：3A 不合格：< 3A	优秀：≥ 4A 合格：3A 不合格：< 3A	优秀：≥ 4A 合格：3A 不合格：< 3A

【任务反思】

完成该项任务，思考为什么制作面包需要搅拌面团，其目的是什么，搅拌程度如何判断。

面团搅拌的目的：

①使原辅料充分分散和均匀地混合在一起，形成质地均匀的整体。

②加快面粉吸水胀润形成面筋的速度，缩短面团成型的时间。

③促进面筋网络的形成，使面团具有良好的弹性和延伸性。

④使空气进入面团中，尽可能地包含在面团内，且均匀分布，为酵母繁殖提供氧气。

⑤使面团达到一定的吸水程度。

1. 面团搅拌不足或过度搅拌对面包品质有影响吗？
2. 甜面包使用哪种成型方法？
3. 如何鉴别面团的发酵程度？
4. 影响面包发酵的因素有哪些？

任务2　酥皮菠萝面包的制作

【学习目标】

★熟练并安全使用面包房的设备工具。

★掌握酥皮菠萝面包的工艺流程。

★掌握面团搅拌投料顺序和面团筋力程度的判断。

★掌握酥皮菠萝面包的种类和成型方法。

★掌握菠萝皮及菠萝馅的制作。

【任务描述】

目前，花式面包在东南亚和我国台湾地区较为流行，配方中油和糖的比例比主食面包中的高。花式面包品种极为丰富，一般以甜面包为基本坯料，再通过各种馅料、表面装饰、造型、油炸或添加其他辅料（果仁、果干）等方式变化品种，通常作为点心来食用，故又称为点心面包。酥皮菠萝面包是花式面包中的一个品种，它的制作由甜面包团、菠萝馅和酥皮面团三个部分组成。

【任务分析】

1.2.1 制作要领分析

①注意面团搅拌时的投料顺序、面团适用水温计算方法。

②整形时操作动作要快，尤其是夏天室温较高，避免面包坯整形前就过度胀发，影响整形外观形态和内部组织。

③制作菠萝皮时，注意不要使面皮起筋。菠萝面包整形后不宜直接放入湿度大的发酵室内，以免菠萝皮潮湿。

1.2.2 制作过程分析

制作酥皮菠萝面包一般需经过准备工作、称量原料、原料搅拌、面团发酵、菠萝皮制作、面团加工、二次发酵、烘焙成熟等步骤。具体操作方法与注意事项如下：

1）准备工作

①设备用具：远红外线电烤炉、烤盘、发酵箱、多功能搅拌机、粉筛、勺子、小号不锈钢碗、油刷、量杯、台秤等。

②面团原料：高筋面粉、白糖、黄油、鸡蛋、奶粉、酵母、盐、水。

③酥皮原料：低筋面粉、白糖、黄油、猪油、苏打粉、泡打粉、臭粉、奶粉等。

注意事项：工作前检查设备工具、原材料是否完好齐全，做好清洁卫生工作。

2）制作过程

（1）称量原料

酥皮菠萝面包原料及参考用量表

原　料		烘焙百分比 /%	参考用量 /g	说　明
酥皮菠萝面包（面团原料）	高筋面粉	100	500	—
	白糖	20	100	以高筋面粉为基数计算
	黄油	10	50	
	鸡蛋	15	75	
	奶粉	3	15	
	酵母	1	5	
	盐	1	5	
	水	50	250	

续表

原料		烘焙百分比 /%	参考用量 /g	说明
酥皮菠萝面包（酥皮原料）	低筋面粉	100	100	—
	白糖	70	70	以低筋面粉为基数计算
	黄油	20	20	
	猪油	50	50	
	苏打粉	0.5	0.5	
	泡打粉	0.5	0.5	
	臭粉	0.3	0.3	
	奶粉	4	4	
酥皮菠萝面包（刷面原料）	鸡蛋	—	适量	—

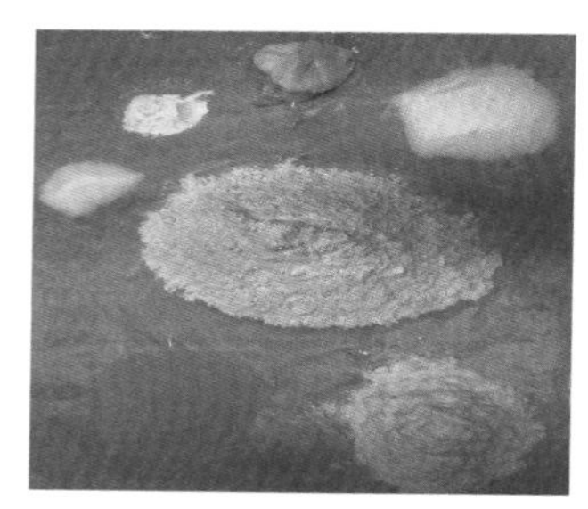

注意事项：在称量原料时一定要把比例算准确，面粉一定要过筛，否则有面粉颗粒会影响成型。

（2）原料搅拌

操作方法：

①将所有干性原料（面粉、白糖、酵母、奶粉）投入搅拌缸中，慢速搅拌均匀。

②加入鸡蛋慢速搅拌，再分次加入水，快速搅拌至面筋初步形成阶段。

③加入黄油，用慢速搅拌均匀，之后改用快速搅拌至面筋完全扩展。

④用手拉开面团能拉出均匀、透明的薄膜即为最佳状态，面团温度应为 26 ~ 28 ℃。

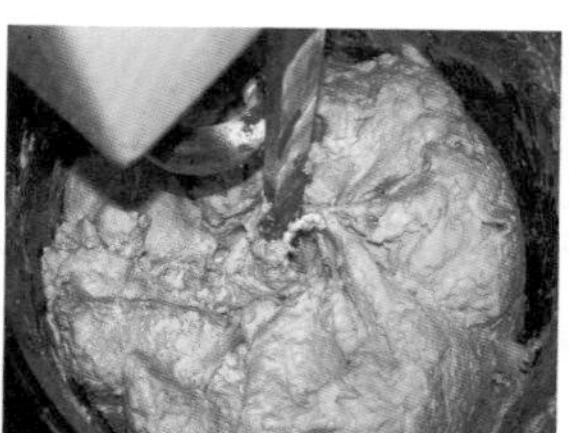
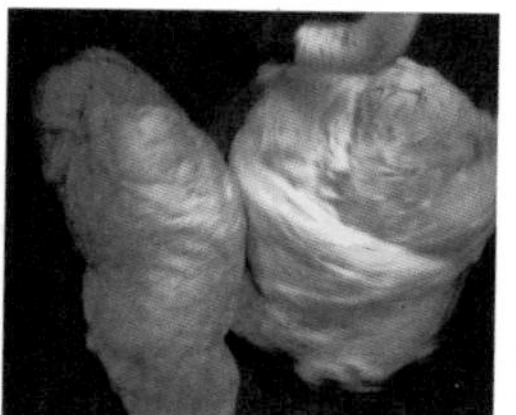
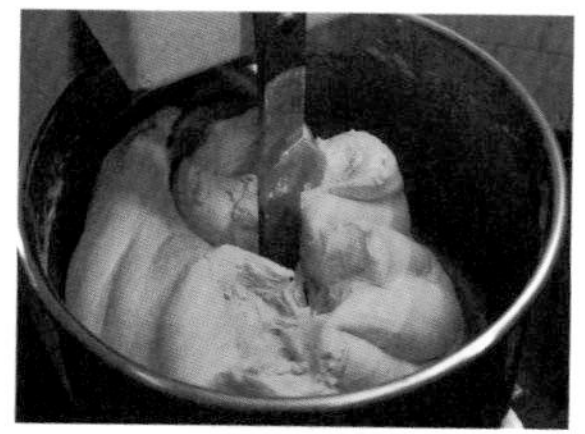

注意事项：投放原料的顺序要正确，并掌握好面团的搅拌时间，鉴别面团是否合格。

（3）面团发酵

操作方法：将面团放入发酵箱中发酵 1 小时，发酵箱的温度控制在 27 ℃。

注意事项：掌握好面团发酵的时间和温度。

（4）菠萝皮制作

操作方法：低筋面粉与泡打粉混合后过筛、开窝，放入其他原料和匀。面不要揉搓太久，和匀就行，之后用保鲜膜盖住，以免干皮，待用。

注意事项：用折叠法和面，不要多搓，以免起筋。

（5）面团加工

操作方法：

①将大面团分割成一定质量的小面团，质量为 60 g。

②将分割好的面团置于案台上揉圆成型。

③用菠萝皮盖住面团的表面，用印模或小刀印出菠萝纹路。

注意事项：面团成型时一定要揉匀揉透，使其表面光滑，以利于气体保存和下一步工序的操作。

（6）二次发酵

操作方法：将盖好菠萝皮的面团放入烤盘，放入发酵箱内发酵。温度控制在 28 ～ 35 ℃，相对湿度为 60% ～ 65%，发酵时间为 1 ～ 1.5 小时。

注意事项：面团发酵不足和发酵过度对面包质量都有很大的影响。发酵不足：面团体积小，组织不疏松，弹性差。发酵过度：体积膨大，刷鸡蛋液时易塌，烤后组织粗糙。

（7）烘焙成熟

操作方法：烤箱预热，上火 200 ℃，下火 180 ℃，烘烤时间为 15 ～ 20 分钟。将刷好鸡蛋液的生坯入炉烘烤至金黄色即可。

注意事项：注意烤箱温度与烘烤时间。温度高、时间短：易发生外焦里不熟的现象。温度低、时间长：水分易流失，成品组织不疏松。

【任务考核】

学员以 6 人为一个小组合作完成酥皮菠萝面包制作技能训练。参照制作过程、操作方法及注意事项进行练习，共同探讨酥皮菠萝面包的制作并完成训练进度表。

训练内容	训练重点	时间记录	训练效果	改进措施
酥皮菠萝面包的制作	准备工作			
	原料搅拌			

续表

训练内容	训练重点	时间记录	训练效果	改进措施
酥皮菠萝面包的制作	面团发酵			
	面团加工			
	二次发酵			
	装饰与烘烤			
	安全与卫生			

【任务评价】

以小组为单位，由组长组织，教师指导，按下表中的要求做出相应的组内评价和小组互评，通过讨论给出任务完成效果等级。

评价项目	序　号	评价要点	组内评价	小组互评	教师评价
酥皮菠萝面包的制作	1	面团的软硬程度是否适度	A 达标 /B 不达标	A 达标 /B 不达标	A 达标 /B 不达标
	2	整体形态一致、造型美观	A 达标 /B 不达标	A 达标 /B 不达标	A 达标 /B 不达标
	3	口感松、软、香	A 达标 /B 不达标	A 达标 /B 不达标	A 达标 /B 不达标
	4	外形适当点缀	A 达标 /B 不达标	A 达标 /B 不达标	A 达标 /B 不达标
	5	食品卫生	A 达标 /B 不达标	A 达标 /B 不达标	A 达标 /B 不达标
	6	120 分钟内完成制品制作	A 达标 /B 不达标	A 达标 /B 不达标	A 达标 /B 不达标
	7	完成任务效果	优秀：≥ 4A 合格：3A 不合格：< 3A	优秀：≥ 4A 合格：3A 不合格：< 3A	优秀：≥ 4A 合格：3A 不合格：< 3A

【任务拓展】

通过造型、馅心、装饰料的变化，甜面包可以变换出众多品种。例如：奶酥面包、椰蓉面包，其馅心的配比见下表。

品种馅心	低筋面粉 /g	黄油 /g	糖粉 /g	鸡蛋 /g	奶粉 /g	食盐 /g
奶酥馅	25	70	80	—	100	1.5
椰蓉馅	80（椰蓉）	28	80	32	12	0.4

【任务反思】

完成该项任务，思考为什么制作面包需要发酵，其目的是什么，发酵程度如何判断。

发酵的目的就是使整形后处于紧张状态的面团得到松弛，面筋进一步结合，增强其延伸

性，以利于体积的充分膨胀；酵母经最后一次发酵，进一步积累发酵产物，面包坯膨胀到所要求的体积，并改善面包的内部结构，使其疏松多孔。

发酵程度判断：

①以成品体积为标准，观察生坯膨胀体积。

②以面包坯整形体积为标准，观察生坯膨胀倍数，生坯的膨胀达到原来体积的 3 ~ 4 倍时，可认为是理想程度。

③以观察生坯面团透明度和按压面团的触感为标准。

1. 菠萝皮在调制面团时能否起筋？

2. 酥皮菠萝面包整形后能否直接放入湿度大的发酵室内发酵？

项目实训——甜味面包的制作

一、布置任务

1. 小组活动：根据甜味面包的制作方法，依据本地的特色物产，小组成员讨论制作一款有特色的甜味面包。

2. 个人完成：实习报告册的撰写。

3. 小组完成：小组成员根据岗位的需求，分工完成品种的制作。

二、实训准备

1. 小组长完成原料单的填写。

2. 小组成员负责设施、设备的检查和准备。

三、实训步骤

1. 小组长根据岗位的需求将任务细化，分配给小组成员。

2. 各小组成员在规定的时间内完成产品制作。

3. 各小组做好各项工作记录，填写评价表。

四、小组评价

1. 制作甜味面包应掌握哪些知识？

2. 制作一款合格的甜味面包应掌握哪些制作过程？

3. 制作甜味面包应掌握的技能要领有哪些？

4. 产品送评，请老师和其他小组成员品尝及点评。

五、综合评价

综合评价包括制作评价和个人能力评价。主要项目如下：

1. 甜味面包制作评价。

甜味面包制作评价表

评价项目	序　号	评价要点	组内评价	小组互评	教师评价
甜味面包的制作	1	面团的软硬程度是否适度	A 达标 /B 不达标	A 达标 /B 不达标	A 达标 /B 不达标
	2	整体形态一致、造型美观	A 达标 /B 不达标	A 达标 /B 不达标	A 达标 /B 不达标
	3	口感酥、松、软、香	A 达标 /B 不达标	A 达标 /B 不达标	A 达标 /B 不达标
	4	外形适当点缀	A 达标 /B 不达标	A 达标 /B 不达标	A 达标 /B 不达标
	5	装盘卫生	A 达标 /B 不达标	A 达标 /B 不达标	A 达标 /B 不达标
	6	120 分钟内完成成品制作	A 达标 /B 不达标	A 达标 /B 不达标	A 达标 /B 不达标
	7	完成任务效果	优秀：≥ 4A 合格：3A 不合格：＜ 3A	优秀：≥ 4A 合格：3A 不合格：＜ 3A	优秀：≥ 4A 合格：3A 不合格：＜ 3A

2. 个人能力评价。

个人能力评价表

内　容			评　价	
学习目标		评价项目	小组评价	教师评价
知识	应知	1. 甜味面包的类型、成型方法	A. 优　B. 良 C. 一般	A. 优　B. 良 C. 一般
		2. 制作甜味面包原料的选用及处理	A. 优　B. 良 C. 一般	A. 优　B. 良 C. 一般
专业能力	应会	1. 熟悉甜味面包的制作流程及工艺	A. 优　B. 良 C. 一般	A. 优　B. 良 C. 一般
		2. 掌握甜味面包的制作技术要领	A. 优　B. 良 C. 一般	A. 优　B. 良 C. 一般
		3. 掌握烘焙技术	A. 优　B. 良 C. 一般	A. 优　B. 良 C. 一般
通用能力	团队组织、合作能力	合理分配细化任务	A. 优　B. 良 C. 一般	A. 优　B. 良 C. 一般
	沟通、协调能力	同学间的交流	A. 优　B. 良 C. 一般	A. 优　B. 良 C. 一般
	解决问题能力	突发事件的处理	A. 优　B. 良 C. 一般	A. 优　B. 良 C. 一般

续表

<table>
<tr><th colspan="3">内　容</th><th colspan="2">评　价</th></tr>
<tr><th colspan="2">学习目标</th><th>评价项目</th><th>小组评价</th><th>教师评价</th></tr>
<tr><td rowspan="2">通用能力</td><td>自我管理能力</td><td>卫生安全</td><td>A. 优　B. 良
C. 一般</td><td>A. 优　B. 良
C. 一般</td></tr>
<tr><td>创新能力</td><td>品种变化</td><td>A. 优　B. 良
C. 一般</td><td>A. 优　B. 良
C. 一般</td></tr>
<tr><td>态度</td><td>爱岗敬业</td><td>态度认真</td><td>A. 优　B. 良
C. 一般</td><td>A. 优　B. 良
C. 一般</td></tr>
<tr><td>个人努力方向与建议</td><td colspan="4"></td></tr>
</table>

咸味面包的制作

咸味面包具有表皮脆而易折断、瓤心较松软的特征。原料配方较简单，主要有面粉、食盐、酵母和水。在烘烤过程中，需要向烤箱中喷蒸汽，使烤箱中保持一定湿度，有利于面包体积膨胀爆裂和表面呈现光泽，以达到皮脆质软的效果。

任务1 法棍面包的制作

【学习目标】

★熟悉法棍面包的制作工艺流程及操作方法。
★掌握面团搅拌投料的顺序和搅拌程度。
★掌握法棍面包表面刀口的正确划法。
★掌握法棍面包发酵程度判断方法。
★掌握法棍面包烘焙技术要领。

【任务描述】

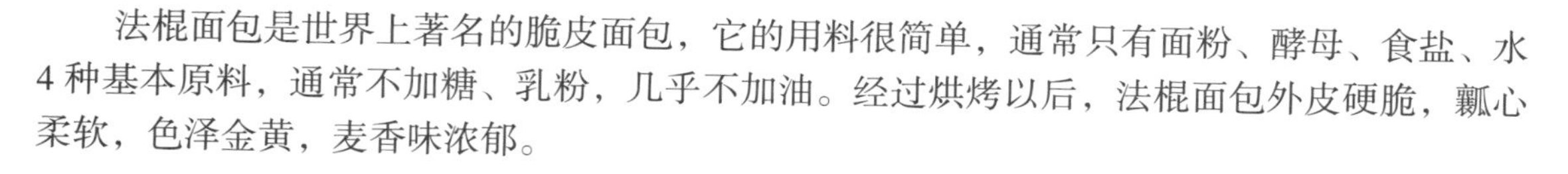
法棍面包是世界上著名的脆皮面包，它的用料很简单，通常只有面粉、酵母、食盐、水4种基本原料，通常不加糖、乳粉，几乎不加油。经过烘烤以后，法棍面包外皮硬脆，瓤心柔软，色泽金黄，麦香味浓郁。

【任务分析】

2.1.1 制作要领分析

①中间发酵的时间一定要足，否则面团松弛不够，影响后面的造型和发酵。
②在发酵过程中，发酵箱的湿度不能太大，否则在面团表面划刀口时容易粘刀。

③刚开始烘烤的20分钟内，禁止随意打开烤箱，否则烤箱中蒸汽散失，影响面包表面的脆裂程度。

2.1.2 制作过程分析

制作法棍面包一般需经过准备工作、称量原料、原料搅拌、面团发酵、面团加工、二次发酵、表面修饰和烘焙成熟等步骤。具体操作方法与注意事项如下：

1）准备工作

①准备器具、设备用具：远红外线电烤炉、烤盘、台式多功能搅拌机、粉筛、勺子、油刷、量杯及小刀等。

②原料：高筋面粉、低筋面粉、酵母、面包改良剂、水、盐等。

注意事项：工作前检查设备工具是否完好齐全，做好清洁卫生工作。

2）制作过程

（1）称量原料

法棍面包原料及参考用量表

原　料		烘焙百分比/%	参考用量/g	说　明
法棍面包	高筋面粉	100	800	—
	低筋面粉	25	200	以高筋面粉为基数计算
	酵母	1.8	15	
	面包改良剂	0.6	5	
	水	68.8	550	
	盐	1.8	15	

注意事项：在称量原料时一定要把比例算准确，面粉一定要过筛，否则有面粉颗粒会影响成型。

（2）原料搅拌

操作方法：将所有干性原料（面粉、酵母、盐）慢速搅拌，混合1～2分钟，再加入水慢速搅拌2～4分钟，中速搅拌3分钟，改快速搅拌8分钟，至面团达到要求为止。

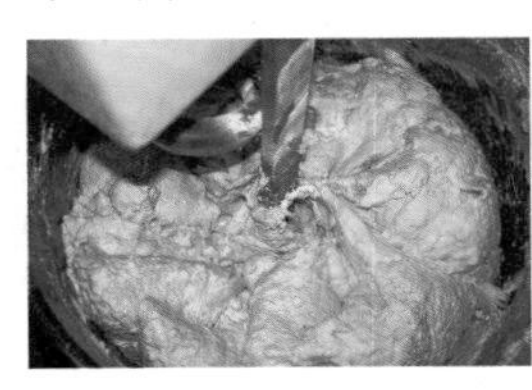
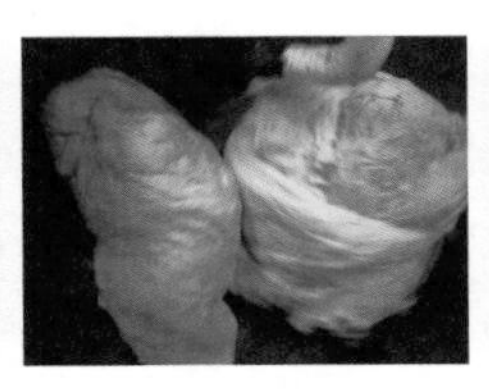
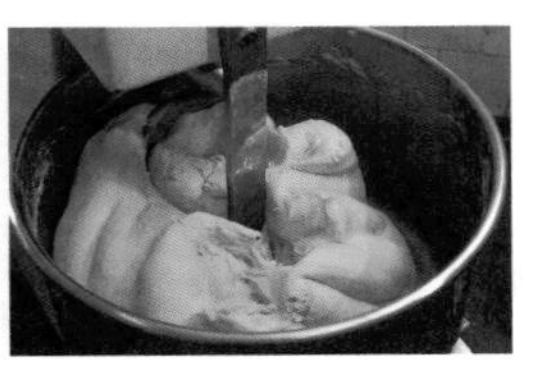

注意事项：投放原料的顺序要正确，并掌握好面团的搅拌时间，鉴别面团是否合格。

（3）面团发酵

操作方法：将搅好的面团取出，用保鲜膜包好，放入发酵箱内发酵15分钟。发酵箱的温度应控制在27℃。

注意事项：掌握好发酵时间和温度。

（4）面团加工

操作方法：

①将面团分成质量为150 g的小面团。

②将分割好的面团置于案台上，将其揉成长条形，放入发酵箱中发酵1小时。发酵箱的温度应控制在27 ℃。将发酵好的面团放在案板上，擀成长条形，由外向里卷成两头稍细、中间略粗的长条形。

注意事项：面团成型时一定要揉匀揉透，使其表面光滑，以利于气体保存和之后工序的操作。

（5）二次发酵

操作方法：将揉好的长条形面团放入烤盘，放入发酵箱内发酵。发酵箱温度控制在28 ~ 35 ℃，相对湿度为60% ~ 75%，发酵时间为1 ~ 1.5小时。

注意事项：发酵不足和发酵过度对面包质量都有很大影响。发酵不足：面团体积小，组织不疏松，弹性差。发酵过度：体积膨大，易塌，烤后组织粗糙。

（6）表面修饰

操作方法：取出发酵好的生坯，在其表面用小刀划3 ~ 4刀，刀片斜切入面团，深度大约为面团直径的1/2。

注意事项：用小刀划生坯表面时动作要轻，力度要适当，以免生坯塌陷。

（7）烘焙成熟

操作方法：烤箱预热，上火220 ℃，下火180 ℃，烘烤15 ~ 20分钟。将生坯入炉烘烤，每5分钟喷一次水，烤至金黄色即可。

注意事项：

①注意烤箱温度与烘烤时间。温度高、时间短：易发生外焦里不熟的现象。温度低、时间长：水分易流失，成品组织不疏松。

②烘烤时喷水才能使表皮松脆。

【任务考核】

学员以 6 人为一个小组合作完成法棍面包制作技能训练。参照制作过程、操作方法及注意事项进行练习，共同探讨法棍面包的制作并完成训练进度表。

训练内容	训练重点	时间记录	训练效果	改进措施
法棍面包的制作	准备工作			
	原料搅拌			
	面团发酵			
	面团加工			
	二次发酵			
	装饰与烘烤			
	安全与卫生			

【任务评价】

以小组为单位，由组长组织，教师指导，按下表中的要求做出相应的组内评价和小组互评，通过讨论给出任务完成效果等级。

评价项目	序　号	评价要点	组内评价	小组互评	教师评价
法棍面包的制作	1	面团的软硬程度是否适度	A 达标 /B 不达标	A 达标 /B 不达标	A 达标 /B 不达标
	2	整体形态一致、造型美观	A 达标 /B 不达标	A 达标 /B 不达标	A 达标 /B 不达标
	3	口感松、软、香、脆	A 达标 /B 不达标	A 达标 /B 不达标	A 达标 /B 不达标
	4	外形适当点缀	A 达标 /B 不达标	A 达标 /B 不达标	A 达标 /B 不达标
	5	食品卫生	A 达标 /B 不达标	A 达标 /B 不达标	A 达标 /B 不达标

续表

评价项目	序　号	评价要点	组内评价	小组互评	教师评价
法棍面包的制作	6	120 分钟内完成制品	A 达标 /B 不达标	A 达标 /B 不达标	A 达标 /B 不达标
	7	完成任务效果	优秀：≥ 4A 合格：3A 不合格：＜ 3A	优秀：≥ 4A 合格：3A 不合格：＜ 3A	优秀：≥ 4A 合格：3A 不合格：＜ 3A

【任务拓展】

改变面团的造型，用剪刀剪成麦穗状或者在面团中添加一定比例的特色预拌粉等，使法棍面包改变单一的造型，并丰富其口感，提高其营养价值。

【任务反思】

完成该项任务，思考为什么制作面包需要搅拌，其投料顺序是怎样的。

搅拌过程是在机械力的作用下，使原料充分混合，面筋及其网络结构生成和扩张，最后生成一个有足够弹性、柔软而光滑的面团。一般投料操作程序是先将所有干性原料（面粉、酵母、奶粉、白糖）通过慢速搅拌，混合 1 ~ 2 分钟，再加入湿性原料（鸡蛋、奶、水）并慢速搅拌 2 ~ 4 分钟，然后加入油脂并慢速搅拌或中速搅拌 2 ~ 3 分钟，最后改为中速或快速搅拌 6 ~ 8 分钟（上述时间均作为参考），如有果料可在面团将要搅拌完成时加入。搅拌时间与面粉质量和机器性能有关，应以面团达到要求为准。

1. 为什么搅拌面粉时一定要搅匀、搅透？原理是什么？
2. 在烤制面包过程中为什么要喷水？
3. 二次发酵时间不足或过长会出现哪些现象？

任务2　跟餐面包的制作

【学习目标】

★熟练并安全使用面包房设备工具。
★学会跟餐面包的工艺流程。
★掌握面团搅拌投料顺序和面团筋力程度的判断。
★掌握跟餐面包的种类和成型方法。
★掌握菠萝酥皮及菠萝馅心的制作。

【任务描述】

跟餐面包是主食面包中的一种。主食面包就是作为主食来食用的面包，其配方中油和糖的比例较低，其他辅料也较少。跟餐面包一般与西餐的热汤一起上，所以称为跟餐面包。

【任务分析】

制作过程分析

制作跟餐面包一般需经过准备工作、称量原料、原料搅拌、面团发酵、面团加工、二次发酵、表面修饰和烘焙成熟等步骤。具体操作方法与注意事项如下：

1）准备工作

①准备器具：远红外线电烤炉、烤盘、台式多功能搅拌机、粉筛、勺子、油刷、量杯及小刀等。

②原料：高筋面粉、低筋面粉、酵母、面包改良剂、水、盐等。

注意事项：工作前检查设备工具是否完好齐全，做好清洁卫生工作。

2）制作过程

（1）称量原料

跟餐面包原料及参考用量表

原　料		烘焙百分比 /%	参考用量 /g	说　明
跟餐面包	高筋面粉	100	800	—
	低筋面粉	25	200	以高筋面粉为基数计算
	酵母	1.8	15	
	面包改良剂	0.6	5	
	水	68.8	550	
	盐	1.8	15	

注意事项：面粉一定要过筛，否则有面粉颗粒会影响成型。

（2）原料搅拌

操作方法：将所有干性原料（面粉、酵母、盐）通过慢速搅拌，混合 1 ~ 2 分钟，再加入水慢速搅拌 2 ~ 4 分钟，中速搅拌 3 分钟，改快速搅拌 8 分钟至面团达到要求为准。

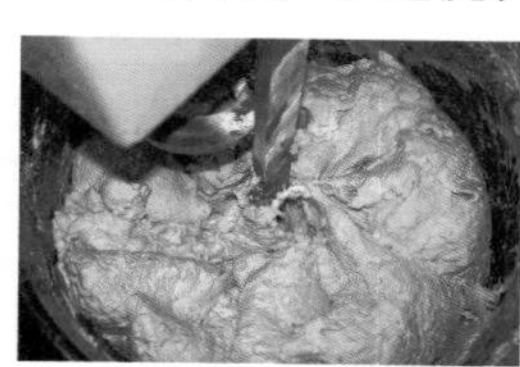
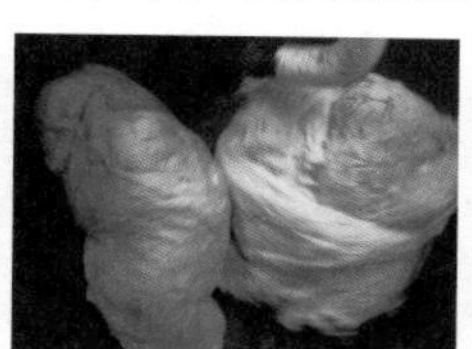
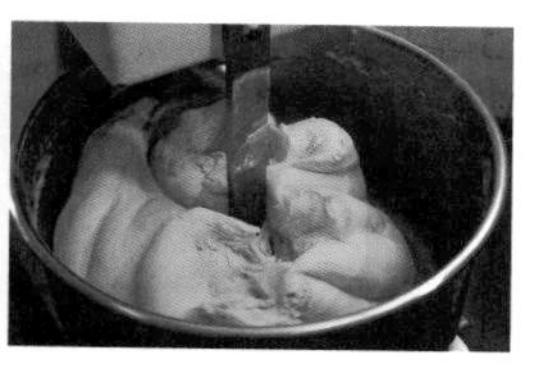

注意事项：投放原料的顺序要正确，并掌握好面团的搅拌时间，鉴别面团是否合格。

（3）面团发酵

操作方法：

①将面团分成质量为 30 g 的面团。

②将分好的面团置于案台上揉成小圆形放入烤盘，再放入发酵箱中发酵 1 小时，发酵箱的温度应控制在 27 ℃。

注意事项：掌握好发酵时间和温度。

（4）面团加工

操作方法：将发好的小面团放在案板上，拍成长条形，由外向里卷成两头稍细、中间略粗的梭子形，或揉成小圆形。

注意事项：面团成型时一定要揉匀揉透，使其表面光滑，以利于气体保存和之后工序的操作。

（5）二次发酵

操作方法：将揉好的面团放入烤盘，再放入发酵箱内发酵。温度控制在 28 ~ 35 ℃，相对湿度为 60% ~ 75%，发酵时间为 1 ~ 1.5 小时。

注意事项：发酵不足和发酵过度对面包质量都有很大影响。发酵不足：面团体积小，组织不疏松，弹性差。发酵过度：面团体积膨大，易塌，烤后组织粗糙。

（6）表面修饰

操作方法：取出发酵好的生坯，在梭子形生坯表面上横划两刀，在小圆形面包生坯表面用小刀划十字刀，撒上黑芝麻。

注意事项：用小刀划生坯表面时动作要轻，力度要适当，以免塌陷。

（7）烘焙成熟

操作方法：烤箱预热，上火 200 ℃，下火 180 ℃，烘烤时间为 15 ~ 20 分钟。将生坯入炉烘烤，每 5 分钟喷一次水，烤至金黄色即可。

注意事项：

①注意烤箱温度与烘烤时间。温度高、时间短：易发生外焦里不熟的现象。温度低、时间长：水分易流失，成品组织不疏松。

②烘烤时喷水才能使表皮松脆。

【任务考核】

学员以 6 人为一个小组合作完成跟餐面包制作技能训练。参照制作过程、操作方法及注意事项进行练习，共同探讨跟餐面包的制作并完成训练进度表。

训练内容	训练重点	时间记录	训练效果	改进措施
跟餐面包的制作	准备工作			
	原料搅拌			
	面团发酵			
	面团加工			
	二次发酵			
	装饰与烘烤			
	安全卫生			

【任务评价】

以小组为单位，由组长组织，教师指导，按下表中的要求做出相应的组内评价和小组互评，通过讨论给出任务完成效果等级。

评价项目	序号	评价要点	组内评价	小组互评	教师评价
跟餐面包的制作	1	面团的软硬程度是否适度	A 达标 /B 不达标	A 达标 /B 不达标	A 达标 /B 不达标
	2	整体形态一致、造型美观	A 达标 /B 不达标	A 达标 /B 不达标	A 达标 /B 不达标
	3	口感松、软、香	A 达标 /B 不达标	A 达标 /B 不达标	A 达标 /B 不达标
	4	外形适当点缀	A 达标 /B 不达标	A 达标 /B 不达标	A 达标 /B 不达标
	5	食品卫生	A 达标 /B 不达标	A 达标 /B 不达标	A 达标 /B 不达标
	6	120 分钟内完成成品制作	A 达标 /B 不达标	A 达标 /B 不达标	A 达标 /B 不达标
	7	完成任务效果	优秀：≥ 4A 合格：3A 不合格：< 3A	优秀：≥ 4A 合格：3A 不合格：< 3A	优秀：≥ 4A 合格：3A 不合格：< 3A

【任务拓展】

改变面团的造型，或者在面团中添加一定比例的辅料等，使跟餐面包改变单一的造型，并丰富其口感，提高营养价值。

【任务反思】

完成该项任务，学员反思是否了解跟餐面包制作的面团温度及控制技能。

在搅拌过程中，酵母的生长繁殖与发酵作用实际上已经形成，因此，面团的温度应适宜酵母的生长繁殖与发酵。根据生产经验，为利于酵母繁殖，防止过度发酵，以得到最好的面包品质，面团温度应控制在 26 ~ 28 ℃为宜，而控制的方法一般是通过不同的水温来调节。

1. 发酵对面包质量影响有哪三大因素？
2. 为了保证硬质面包的质量，在有条件的情况下最好选用什么烤炉烘烤面包？
3. 在夏天制作面包时应选择什么水温进行面团的调制？

项目实训——咸味面包的制作

一、布置任务

1. 小组活动：根据咸味面包的制作方法，依据本地的特色物产，小组成员讨论制作一款有特色的咸味面包。

2. 个人完成：实习报告册的撰写。

3. 小组完成：小组成员根据岗位的需求，分工完成品种的制作。

二、实训准备

1. 小组长完成原料单的填写。

2. 小组成员负责设施设备的检查和准备。

三、实训步骤

1. 小组长根据岗位的需求将任务细化，分配给小组成员。

2. 各小组成员在规定的时间内完成产品制作。

3. 各小组做好各项工作记录，填写评价表。

四、小组评价

1. 制作咸味面包应掌握哪些知识?

2. 制作一款合格的咸味面包应掌握哪些制作过程?

3. 制作咸味面包应掌握的技能要领有哪些?

4. 产品送评，请老师和其他小组成员品尝及点评。

五、综合评价

综合评价包括制作评价和个人能力评价。主要项目如下：

1. 咸味面包的制作。

咸味面包制作评价表

评价项目	序　号	评价要点	组内评价	小组互评	教师评价
咸味面包的制作	1	面糊的软硬程度是否适度	A 达标 /B 不达标	A 达标 /B 不达标	A 达标 /B 不达标
	2	整体形态一致、造型美观	A 达标 /B 不达标	A 达标 /B 不达标	A 达标 /B 不达标
	3	口感酥、松、软、香	A 达标 /B 不达标	A 达标 /B 不达标	A 达标 /B 不达标
	4	外形适当点缀	A 达标 /B 不达标	A 达标 /B 不达标	A 达标 /B 不达标
	5	食品卫生	A 达标 /B 不达标	A 达标 /B 不达标	A 达标 /B 不达标
	6	120 分钟内完成成品制作	A 达标 /B 不达标	A 达标 /B 不达标	A 达标 /B 不达标

续表

评价项目	序　号	评价要点	组内评价	小组互评	教师评价
咸味面包的制作	7	完成任务效果	优秀：≥ 4A 合格：3A 不合格：< 3A	优秀：≥ 4A 合格：3A 不合格：< 3A	优秀：≥ 4A 合格：3A 不合格：< 3A

2. 个人能力评价。

个人能力评价表

内　容			评　价	
学习目标		评价项目	小组评价	教师评价
知识	应知	1. 咸味面包的类型、成型方法	A. 优　B. 良 C. 一般	A. 优　B. 良 C. 一般
		2. 制作咸味面包原料的选用及处理	A. 优　B. 良 C. 一般	A. 优　B. 良 C. 一般
专业能力	应会	1. 熟悉咸味面包的制作流程及工艺	A. 优　B. 良 C. 一般	A. 优　B. 良 C. 一般
		2. 掌握咸味面包的制作技术要领	A. 优　B. 良 C. 一般	A. 优　B. 良 C. 一般
		3. 掌握烘焙技术	A. 优　B. 良 C. 一般	A. 优　B. 良 C. 一般
通用能力	团队组织、合作能力	合理分配细化任务	A. 优　B. 良 C. 一般	A. 优　B. 良 C. 一般
	沟通、协调能力	同学间的交流	A. 优　B. 良 C. 一般	A. 优　B. 良 C. 一般
	解决问题能力	突发事件的处理	A. 优　B. 良 C. 一般	A. 优　B. 良 C. 一般
	自我管理能力	卫生安全	A. 优　B. 良 C. 一般	A. 优　B. 良 C. 一般
	创新能力	品种变化	A. 优　B. 良 C. 一般	A. 优　B. 良 C. 一般
态度	爱岗敬业	态度认真	A. 优　B. 良 C. 一般	A. 优　B. 良 C. 一般
个人努力方向与建议				

项目 3

丹麦面包的制作

丹麦面包又称起酥面包，口感酥软、层次分明、奶香味浓、质地松软。丹麦面包的发源地是维也纳，又称为维也纳面包。

任务1 丹麦面包的制作

【学习目标】

★熟悉丹麦面包的制作工艺流程及操作方法。
★掌握丹麦面团搅拌投料的顺序和搅拌程度。
★掌握丹麦面包表面刀口的正确划法。
★掌握丹麦面包发酵程度判断方法。
★掌握丹麦面包烘焙技术要领。

【任务描述】

丹麦面包又称起酥面包、松质面包，是以面粉、酵母、白糖、油脂等原料搅拌成面团，冷藏松弛后裹入黄油，经过反复压片、折叠，利用油脂的润滑性和隔离性使面团产生清晰的层次，然后制成各种形状，经发酵、烘烤而制成的口感酥松、层次分明、入口即化、奶香味浓郁的特色面包。

【任务分析】

3.1.1 制作要领分析

①面团搅拌至扩展阶段即可，因为在包油折叠过程中，面筋会继续扩展。
②面团放入冰箱冷冻时，不可冻得过硬，包裹的起酥油软硬度和面团软硬度要一致。
③整形过程中，如果面团过软，油脂融化渗透出来，应放冰箱冷冻后再进行操作。

④丹麦面包在最后发酵过程中，发酵箱的温度不可过高，否则油脂融化渗透，影响丹麦面包起酥效果。

⑤在烘烤过程中，炉温不可过高，否则丹麦面包表面上色太快，面包中间却没烤透。

3.1.2 制作过程分析

制作丹麦面包一般需经过准备工作、称量原料、原料搅拌、面团发酵、面团加工、二次发酵、烘焙成熟和表面修饰等步骤。具体操作方法与注意事项如下：

1）准备工作

①准备器具、设备用具：电冰箱、远红外线电烤炉、烤盘、搅拌机、起酥机、电子秤、粉筛、油刷、片刀等。

②原料：高筋面粉、低筋面粉、奶粉、酵母、白糖、盐、黄油、起酥油、鸡蛋、水、面包改良剂等。

注意事项：工作前检查设备工具是否完好齐全，做好清洁卫生工作。

2）制作过程

（1）称量原料

丹麦面包原料及参考用量表

原 料		烘焙百分比 /%	参考用量 /g	说 明
丹麦面包（主料）	高筋面粉	80	800	—
	低筋面粉	20	200	
	白糖	15	150	以面粉总量为基数计算
	黄油	6	60	
	奶粉	4	40	
	鸡蛋	10	100	
丹麦面包（起酥料）	起酥油	60	600	
丹麦面包（辅料）	盐	1.5	15	
	酵母	1.5	15	
	面包改良剂	0.5	5	
	水	45	450	

注意事项：在称量原料时一定要把比例算准确，面粉一定要过筛，否则有面粉颗粒会影响成型。

（2）原料搅拌

操作方法：将面粉、酵母、奶粉、白糖投入搅拌机中，加入鸡蛋、水，中速搅拌8分钟，加入盐、黄油搅拌4分钟至面团达到要求为止。

  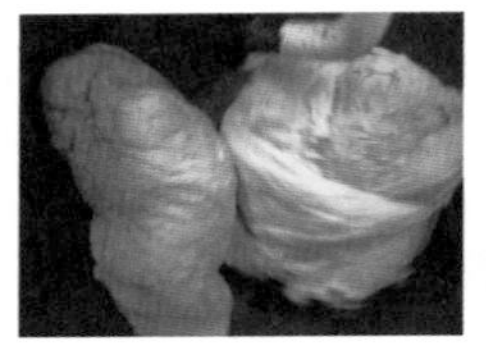 

注意事项：投放原料的顺序要正确，并掌握好面团的搅拌时间，鉴别面团是否合格。

（3）面团发酵

操作方法：将和好的面团用保鲜膜包好，放入冰箱中冷藏松弛，时间约2小时。

注意事项：掌握好发酵时间和温度。

（4）面团加工

操作方法：将起酥油包入经冷藏松弛好的面团，擀成长方形，然后对折成均匀的三等份，擀成长方形，折叠成均匀的四等份，再擀一次，折叠成均匀的三等份，共折叠三次。每擀折一次，应根据起酥油的软硬程度放入冰箱中冷冻10 ~ 25分钟。

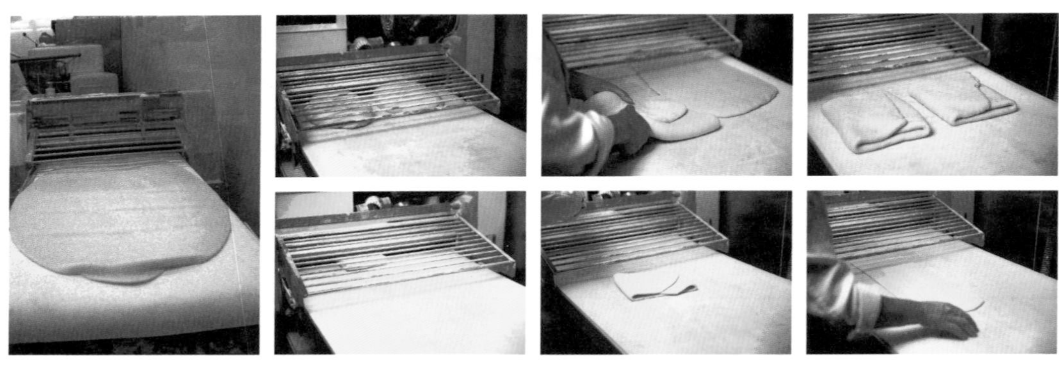

注意事项：擀制面团时，一定要掌握好擀制力度，确保起酥油分布均匀。

（5）二次发酵

操作方法：面团解冻后成型，放入发酵箱内发酵。温度控制在30 ~ 35 ℃，相对湿度为70% ~ 75%，发酵时间为1小时。

注意事项：发酵不足和发酵过度对面包质量都有很大影响。发酵不足：面团体积小，组织不疏松，弹性差。发酵过度：面团体积膨大，易塌，烤后组织粗糙。

（6）烘焙成熟

操作方法：在发酵好的生坯表面刷上鸡蛋液，入炉烘烤，炉温控制在上火 200 ℃，下火 180 ℃，烘烤 15 ~ 20 分钟至金黄色即可。

注意事项：注意烤箱温度与烘烤时间。温度高、时间短：易发生外焦里不熟的现象。温度低、时间长：水分易流失，成品组织不疏松。

（7）表面装饰

操作方法：烘烤后趁热在成品上刷上一层透明糖衣或枫糖。

注意事项：一定要趁热刷上糖衣。

【任务考核】

学员以 6 人为一个小组合作完成丹麦面包制作技能训练。参照制作过程、操作方法及注意事项进行练习，共同探讨丹麦面包的制作技能并完成训练进度表。

训练内容	训练重点	时间记录	训练效果	改进措施
丹麦面包的制作	准备工作			
	原料搅拌			
	面团发酵			
	面团加工			
	二次发酵			
	装饰与烘烤			
	安全卫生			

【任务评价】

以小组为单位，由组长组织，教师指导，按下表中的要求做出相应的组内评价和小组互评，通过讨论给出任务完成效果等级。

评价项目	序 号	评价要点	组内评价	小组互评	教师评价
丹麦面包的制作	1	面团的软硬程度是否适度	A 达标 /B 不达标	A 达标 /B 不达标	A 达标 /B 不达标
	2	整体形态一致、造型美观	A 达标 /B 不达标	A 达标 /B 不达标	A 达标 /B 不达标
	3	口感松、软、香、脆	A 达标 /B 不达标	A 达标 /B 不达标	A 达标 /B 不达标
	4	外形适当点缀	A 达标 /B 不达标	A 达标 /B 不达标	A 达标 /B 不达标
	5	食品卫生	A 达标 /B 不达标	A 达标 /B 不达标	A 达标 /B 不达标
	6	120 分钟内完成成品制作	A 达标 /B 不达标	A 达标 /B 不达标	A 达标 /B 不达标
	7	完成任务效果	优秀：≥ 4A 合格：3A 不合格：＜ 3A	优秀：≥ 4A 合格：3A 不合格：＜ 3A	优秀：≥ 4A 合格：3A 不合格：＜ 3A

【任务拓展】

通过改变面团的造型、表面装饰等方法，可以做出形状各异、口感丰富的特色丹麦面包。

【任务反思】

完成该项任务，思考制作面包为什么要发酵，发酵的原理是什么。

面团发酵的目的是使面包获得气体，实现膨松和体积增大。

面团发酵的原理是通过面团中酵母菌的大量繁殖，产生大量的二氧化碳气体在面筋网络中，经过饧发和烘焙，随着气体的膨胀、制品体积的增大，使面包制品具有多孔、松软、有弹性的特征。

1. 为什么搅面时一定要将面搅匀、搅透？原理是什么？
2. 在烤制面包过程中为什么要喷水？
3. 面团二次发酵时间不足或过长会出现哪些现象？
4. 面团搅拌不足或过度搅拌对面包品质有影响吗？

任务2 牛角面包的制作

【学习目标】

★熟练并安全使用面包房设备工具。

★学会制作牛角面包的工艺流程。
★掌握面团搅拌投料顺序和面团筋力程度。
★掌握牛角面包的种类和成型方法。

【任务描述】

牛角面包是酥皮面包中的一种。酥皮面包是将发酵的面团包裹油脂之后，再反复擀制而成的一类面包，它兼有酥皮点心和面包的特点，酥软爽口、风味奇特。

牛角面包因其造型似牛角而得名，它与丹麦面包统称起酥起层面包，口感酥软、层次分明、奶香味浓、质地松软。

【任务分析】

3.2.1 制作要领分析

①擀制面皮时用力要轻，尽量向两边扩展。

②擀制前静置应在冷冻间进行，防止面团膨胀。

③牛角面包成型时应注意手法，三角形的两腰要等长，制作出的成品层次才多，牛角才完整美观。

3.2.2 制作过程分析

制作牛角面包一般需经过准备工作、称量原料、原料搅拌、面团发酵、面团加工、二次发酵、烘焙成熟、表面装饰等步骤。具体操作方法与注意事项如下：

1）准备工作

①准备器具、设备用具：电冰箱、远红外线电烤炉、烤盘、搅拌机、起酥机、电子秤、粉筛、油刷、片刀等。

②原料：高筋面粉、奶粉、酵母、白糖、盐、黄油、起酥油、鸡蛋、水等。

注意事项：工作前检查设备工具是否完好齐全，做好清洁卫生工作。

2）制作过程

（1）称量原料

牛角面包原料及参考用量表

原料		烘焙百分比 /%	参考用量 /g	说明
牛角面包（主料）	高筋面粉	100	1 000	—
	白糖	10	100	以高筋面粉为基数计算
	黄油	10	100	
	奶粉	5.7	40	
	鸡蛋	14.3	100	

续表

原料		烘焙百分比 /%	参考用量 /g	说明
牛角面包（辅料）	盐	2.1	15	以高筋面粉为基础计算
	酵母	2.1	15	
	水	64.3	450	
牛角面包（起酥料）	起酥油	60	600	

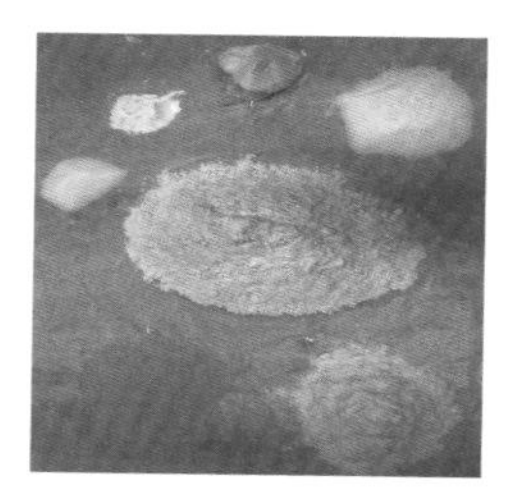

注意事项：在称量时一定要把比例算准确，面粉一定要过筛，否则有面粉颗粒会影响面包成型。

（2）原料搅拌

操作方法：将高筋面粉、酵母、奶粉、白糖投入搅拌机中，加入鸡蛋、水，中速搅拌 8 分钟，加入盐、黄油搅拌 4 分钟，以面团达到要求为准。

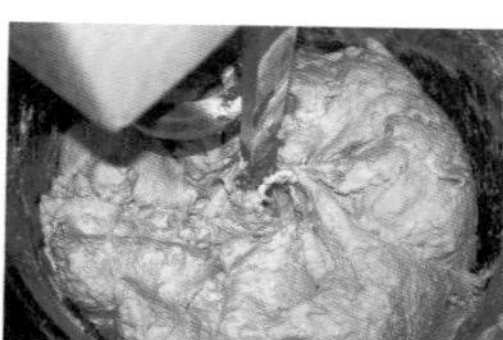
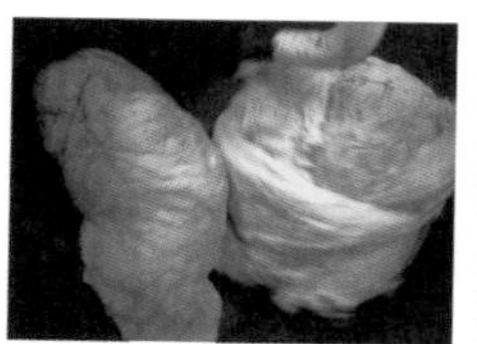
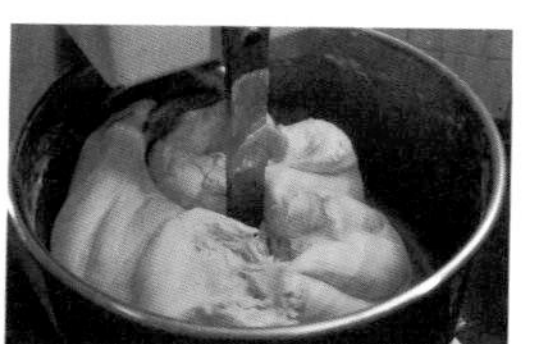

注意事项：投放原料的顺序要正确，并掌握好面团的搅拌时间，鉴别面团是否合格。

（3）面团发酵

操作方法：将和好的面团用保鲜膜包好，放入冰箱中冷藏松弛，时间约 2 小时。

注意事项：掌握好发酵时间和温度。

（4）面团加工

操作方法：将经冷藏松弛后的面团取出放在案台上，稍按扁，将起酥油放在面团中，用无缝包手法将其包成圆球形，再次按扁，并擀成长方形，然后对折成均匀的三等份，擀成长方形，折叠成均匀的四等份，再擀一次，折叠成均匀的三等份，共折叠三次。每擀折一次，

应根据起酥油的软硬程度放入冰箱中冷冻 10 ～ 25 分钟。取出面团，擀成 1 cm 厚的薄片，切成三角形，卷成牛角形。

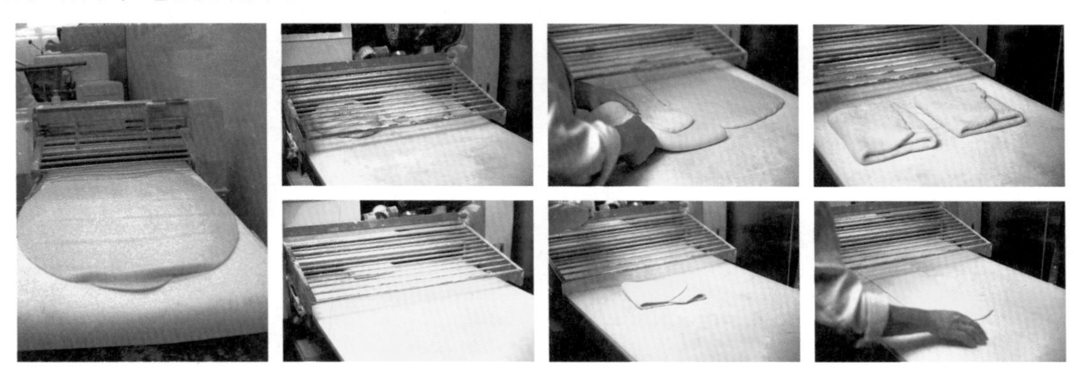

注意事项：擀制时，一定要掌握好擀制力度，确保起酥油分布均匀。

（5）二次发酵

操作方法：将成型的生坯放入发酵箱内发酵。温度控制在 30 ～ 32 ℃，相对湿度为 70% ～ 75%，发酵时间为 1 小时。

注意事项：生坯发酵不足和发酵过度对面包质量都有很大影响。发酵不足：面团体积小，组织不疏松，弹性差。发酵过度：面团体积膨大，易塌，烤后组织粗糙。

（6）烘焙成熟

操作方法：在发酵好的生坯表面刷上鸡蛋液，入炉烘烤。炉温控制在上火 200 ℃，下火 180 ℃，烘烤 15 ～ 20 分钟至面包呈金黄色即可。

注意事项：注意烤箱温度与烘烤时间。温度高，时间短：易发生外焦里不熟的现象。温度低、时间长：水分易流失，成品组织不疏松。刷鸡蛋液时力度一定要轻，以免面团塌陷。

（7）表面装饰

操作方法：烘烤时，面包表面可撒芝麻。

注意事项：在面包表面先刷糖水，再撒芝麻。

【任务考核】

学员以 6 人为一个小组合作完成牛角面包制作技能训练。参照制作过程、操作方法及注意事项进行练习，共同探讨牛角面包的制作并完成训练进度表。

训练内容	训练重点	时间记录	训练效果	改进措施
牛角面包的制作	准备工作			
	原料搅拌			
	面团发酵			
	面团加工			
	二次发酵			
	装饰与烘烤			
	安全卫生			

【任务评价】

以小组为单位，由组长组织，教师指导，按下表中的要求做出相应的组内评价和小组互评，通过讨论给出任务完成效果等级。

评价项目	序　号	评价要点	组内评价	小组互评	教师评价
牛角面包的制作	1	面团的软硬程度是否适度	A 达标 /B 不达标	A 达标 /B 不达标	A 达标 /B 不达标
	2	整体形态一致、造型美观	A 达标 /B 不达标	A 达标 /B 不达标	A 达标 /B 不达标
	3	口感松、软、香	A 达标 /B 不达标	A 达标 /B 不达标	A 达标 /B 不达标
	4	外形适当点缀	A 达标 /B 不达标	A 达标 /B 不达标	A 达标 /B 不达标
	5	食品卫生	A 达标 /B 不达标	A 达标 /B 不达标	A 达标 /B 不达标
	6	120 分钟内完成成品制作	A 达标 /B 不达标	A 达标 /B 不达标	A 达标 /B 不达标
	7	完成任务效果	优秀：≥ 4A 合格：3A 不合格：＜ 3A	优秀：≥ 4A 合格：3A 不合格：＜ 3A	优秀：≥ 4A 合格：3A 不合格：＜ 3A

【任务拓展】

改变面团的造型、馅料等，可使牛角面包改变单一的造型，丰富其口感及提高营养价值。

酥皮面包可用牛角面皮配合低脂面包面皮制作而成。制作方法同小餐包，无须包馅，做成光头形后在上面盖一层牛角面皮，再放入发酵箱中进行发酵，温度控制同牛角包。发酵好后在牛角面皮上刷一层鸡蛋清，入炉烘烤。炉温控制同牛角包，烤成金黄色即可。

【任务反思】

面包制作常见问题与解决办法

面包制作过程较复杂，许多因素都会导致制作失误。常见的因素与解决办法如下：

①质地过细，气孔紧密：盐太多，减少盐量；酵母太少，加大酵母量；水分太少，多加水；发酵或发酵不足，增加发酵或发酵时间。

②质地过粗，气孔太大：酵母太多，减少酵母量；水分太多，减少水量；搅拌时间不够，增加搅拌时间；发酵过度，减少发酵时间；烤盘或模具太大，改换合适的烤盘或模具。

③条形状裂纹：搅拌不均匀，增加搅拌时间；装模或整形过程不熟练，加强训练；撒粉过多，减少撒粉量。

④质地松散易碎：面粉筋度低，改用筋度高的面粉；盐过少，加大盐量；发酵时间太长或太短，调整发酵时间；发酵过度，减少发酵时间；烘焙温度太低，提高炉温。

1. 制作牛角面包时出现层次不清是什么原因？

2. 面团在搅拌过程中，面团温度为什么会升高？

项目实训——丹麦面包的制作

一、布置任务

1. 小组活动：根据丹麦面包的制作方法，依据本地的特色物产，小组成员讨论制作一款适合本地的有特色的丹麦面包。

2. 个人完成：实习报告册的撰写。

3. 小组完成：小组成员根据岗位的需求分工完成品种的制作。

二、实训准备

1. 小组长完成原料单的填写。

2. 小组成员负责设施设备的检查和准备。

三、实训步骤

1. 小组长根据岗位的需求将任务细化，分配给小组成员。

2. 各小组成员在规定的时间内完成产品制作。

3. 各小组做好各项工作记录，填写评价表。

四、小组评价

1. 制作丹麦面包应掌握哪些知识？

2. 制作一款合格的丹麦面包应掌握哪些制作过程？

3. 制作丹麦面包应掌握的技能要领有哪些？

4. 产品送评，请老师和其他小组成员品尝及点评。

五、综合评价

综合评价包括制作评价和个人能力评价。主要项目如下：

1. 丹麦面包制作评价。

丹麦面包制作评价表

评价项目	序　号	评价要点	组内评价	小组互评	教师评价
丹麦面包的制作	1	面团的软硬程度是否适度	A 达标 /B 不达标	A 达标 /B 不达标	A 达标 /B 不达标
	2	整体形态一致、造型美观	A 达标 /B 不达标	A 达标 /B 不达标	A 达标 /B 不达标
	3	口感酥、松、软、香	A 达标 /B 不达标	A 达标 /B 不达标	A 达标 /B 不达标
	4	外形适当点缀	A 达标 /B 不达标	A 达标 /B 不达标	A 达标 /B 不达标
	5	装盘卫生	A 达标 /B 不达标	A 达标 /B 不达标	A 达标 /B 不达标
	6	120 分钟内完成成品制作	A 达标 /B 不达标	A 达标 /B 不达标	A 达标 /B 不达标
	7	完成任务效果	优秀：≥ 4A 合格：3A 不合格：＜ 3A	优秀：≥ 4A 合格：3A 不合格：＜ 3A	优秀：≥ 4A 合格：3A 不合格：＜ 3A

2. 个人能力评价。

个人能力评价表

内　容			评　价	
学习目标		评价项目	小组评价	教师评价
知识	应知	1. 丹麦面包的类型、成型方法	A. 优　B. 良 C. 一般	A. 优　B. 良 C. 一般
		2. 制作丹麦面包原料的选用及处理	A. 优　B. 良 C. 一般	A. 优　B. 良 C. 一般
专业能力	应会	1. 熟悉丹麦面包的制作流程及工艺	A. 优　B. 良 C. 一般	A. 优　B. 良 C. 一般
		2. 掌握丹麦面包的制作技术要领	A. 优　B. 良 C. 一般	A. 优　B. 良 C. 一般
		3. 掌握烘焙技术	A. 优　B. 良 C. 一般	A. 优　B. 良 C. 一般

续表

内容			评价	
学习目标		评价项目	小组评价	教师评价
通用能力	团队组织、合作能力	合理分配细化任务	A. 优 B. 良 C. 一般	A. 优 B. 良 C. 一般
	沟通、协调能力	同学间的交流	A. 优 B. 良 C. 一般	A. 优 B. 良 C. 一般
	解决问题能力	突发事件的处理	A. 优 B. 良 C. 一般	A. 优 B. 良 C. 一般
	自我管理能力	卫生安全	A. 优 B. 良 C. 一般	A. 优 B. 良 C. 一般
	创新能力	品种变化	A. 优 B. 良 C. 一般	A. 优 B. 良 C. 一般
态度	爱岗敬业	态度认真	A. 优 B. 良 C. 一般	A. 优 B. 良 C. 一般
个人努力方向与建议				

项目 4

吐司面包的制作

吐司面包，实际上就是用长方形带盖或不带盖的烤听制作的听型面包。用带盖烤听烤出的面包经切片后呈正方形，夹入火腿或蔬菜后即为三明治。用不带盖烤听烤出的面包为长方圆顶形，类似我国的长方形大面包。

任务1 原味吐司面包的制作

【学习目标】

★熟悉原味吐司面包的制作工艺流程及操作方法。
★掌握面团搅拌投料的顺序和搅拌程度。
★掌握吐司面包成型方法。
★掌握吐司面包发酵程度判断方法。
★掌握吐司面包烘焙技术要领。

【任务描述】

原味吐司面包和法式面包一样，同属于主食面包，其配方是糖和油的比例低，其他辅料也较少，有咸、甜之分和有馅、无馅之分，多切片，配以各种黄油、奶酪、果酱食用。

【任务分析】

4.1.1 制作要领分析

①在面团操作过程中，若是筋力太强，要适当地延长松弛时间，不可将面团擀破，同时面团装模时，收口要朝下压紧。

②面团发至烤模 8 成满即可。否则，发酵过度，烘烤过程中面团会胀出来。

③在烘烤吐司面包时，不能打开吐司模盖，因为面团在烘烤过程中会急剧膨胀，容易冒出。

④若吐司面包从烤箱中取出时，吐司模盖很难开启，说明烘烤时间不足，需再烘烤几分钟。

⑤吐司面包需脱模后进行冷却，出模时要注意，不要过分抖动，否则容易变形。

4.1.2 制作过程分析

制作原味吐司面包一般需经过准备工作、称量原料、原料搅拌、压面、成型、发酵和烘焙成熟等步骤。具体操作方法与注意事项如下：

1）准备工作

①准备器具、设备用具：温度计、远红外线电烤炉、烤盘、搅拌机、粉筛、油刷、片刀、发酵箱、吐司模等。

②原料：高筋面粉、奶粉、酵母、糖、盐、面包改良剂、黄油、水等。

注意事项：工作前检查设备工具是否完好齐全，做好清洁卫生工作。

2）制作过程

（1）称量原料

原味吐司面包原料及参考用量表

原　料		烘焙百分比 /%	参考用量 /g	说　明
原味吐司面包	高筋面粉	100	500	—
	酵母	1	5	以高筋面粉为基数计算
	盐	1	5	
	面包改良剂	0.6	3	
	水	60	300	
	黄油	10	50	
	奶粉	2	10	
	糖	10	50	

注意事项：在称量原料时一定要把比例算准确，面粉一定要过筛，否则有面粉颗粒会影响成型。

（2）原料搅拌

操作方法：

①将所有干性原料（高筋面粉、酵母、面包改良剂、糖、奶粉）投入搅拌缸内，慢速搅拌均匀。

②分次加入水，高速搅拌至面筋初步扩展。

③加入盐、黄油慢速拌匀。

④高速搅拌至面筋 8 成扩展。

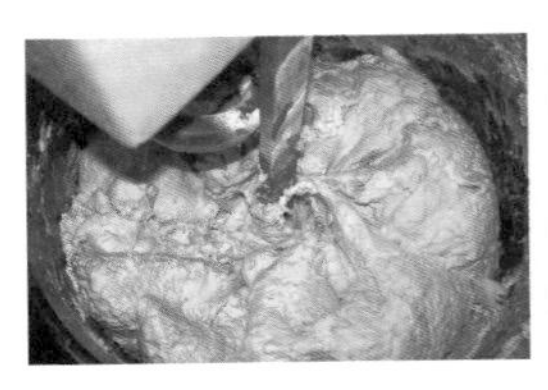
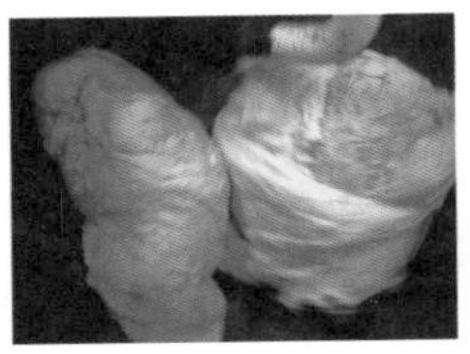
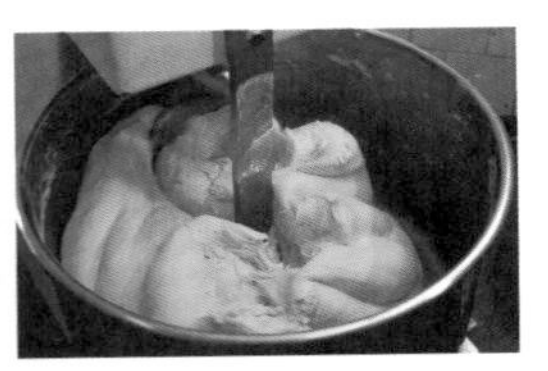

注意事项：投放原料的顺序要正确，并掌握好面团的搅拌时间。鉴别面团是否合格。

（3）压面

操作方法：用压面机将面团压至表面光滑，至面筋可拉成薄膜状。

注意事项：正确使用压面机，注意安全。

（4）成型

操作方法：

①将压好的面团松弛 30 分钟，分成每个 150 g 的小面团，搓圆，松弛 15 分钟。

②将小面团三折一次折叠，擀开由上至下卷起，收口处要收紧。

③均匀地以 6 个一组放入吐司盒中。

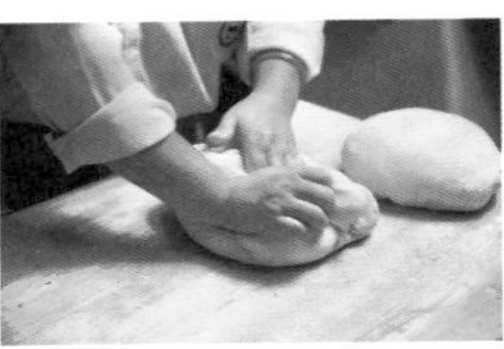

注意事项：面团成型时一定要揉匀揉透，使其表面光滑，以利于气体保存和后工序操作。

（5）发酵

操作方法：将已成型的面团放入发酵箱内发酵。温度控制在 28 ~ 35 ℃，相对湿度为 75%，发酵时间为 1 ~ 1.5 小时。面团发至吐司盒的 8 成满即可。

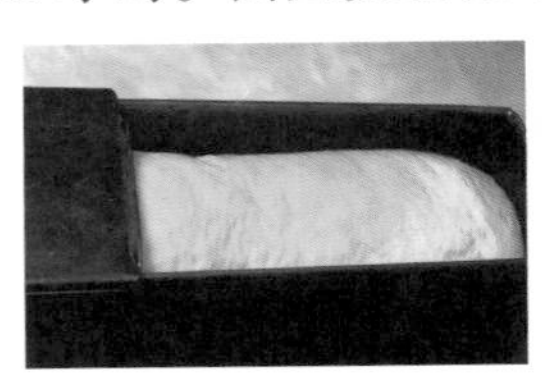

注意事项：发酵不足或发酵过度对面包质量都有很大影响。发酵不足：面团体积小，组织不疏松，弹性差。发酵过度：面团体积膨大，易塌，烤后组织粗糙。

（6）烘焙成熟

操作方法：烤箱预热，上火 190 ℃，下火 160 ℃，烘烤时间约 35 分钟。将生坯入炉烘烤至金黄色即可。

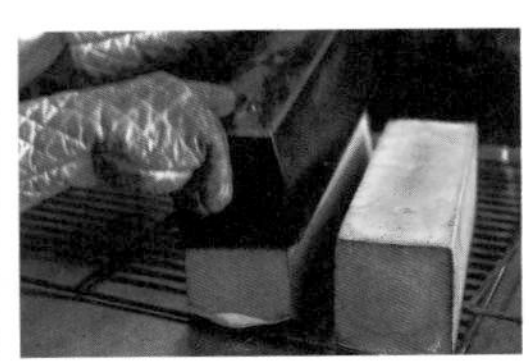

注意事项：注意烤箱温度与烘烤时间。温度高、时间短：易发生外焦里不熟的现象。温度低、时间长：水分易流失，成品组织不疏松。烘烤时喷水才能使面包表皮松脆。

【任务考核】

学员以6人为一个小组合作完成原味吐司面包制作技能训练。参照制作过程表、操作方法及注意事项进行练习，共同探讨原味吐司面包的制作并完成训练进度表。

训练内容	训练重点	时间记录	训练效果	改进措施
原味吐司面包的制作	准备工作			
	原料搅拌			
	面团发酵			
	面团加工			
	二次发酵			
	装饰与烘烤			
	安全卫生			

【任务评价】

以小组为单位，由组长组织，教师指导，按下表中的要求做出相应的组内评价和小组互评，通过讨论给出任务完成效果等级。

评价项目	序　号	评价要点	组内评价	小组互评	教师评价
原味吐司面包的制作	1	面团的软硬程度是否适度	A达标/B不达标	A达标/B不达标	A达标/B不达标
	2	整体形态一致、造型美观	A达标/B不达标	A达标/B不达标	A达标/B不达标
	3	口感松、软、香	A达标/B不达标	A达标/B不达标	A达标/B不达标
	4	安全卫生	A达标/B不达标	A达标/B不达标	A达标/B不达标
	5	120分钟内完成成品制作	A达标/B不达标	A达标/B不达标	A达标/B不达标
	6	完成任务效果	优秀：≥4A 合格：3A 不合格：＜3A	优秀：≥4A 合格：3A 不合格：＜3A	优秀：≥4A 合格：3A 不合格：＜3A

【任务拓展】

吐司面包可通过不同装模方式改变外观造型，调节糖的添加量可以制作出甜吐司或咸吐司，也可往面团里添加适量的可可粉、绿茶粉、全麦粉等。

制作吐司面包的面团可制作提子吐司：

先将发酵好的600 g面团用擀面棍擀成长方形，铺上100 g糖渍提子，从上向下卷成圆形，捏紧收口。再用刀将面团从中间切成三股，将三股面并排放好，从股面中段开始，将左边的股面交错跨过中间一股再将右边一股交错跨过中间股，反复先左后右至达末端，将面股翻过来，辫结另一段，将辫结好的面两头向中间折进去，压在下面放进模具中发酵 1 小时。最后在表面刷一层鸡蛋液，再挤上 20 g 沙拉酱，入炉烘烤，时间为 40 分钟。

【任务反思】

完成该项任务，思考是否掌握了以下技能：

①面团一定要搅打至光滑后再加入酥油，酥油一拌匀就可停机。

②面团要分割均匀，不然成品会有大有小，不均匀。

③面包发酵时，只要发到模具的 7 ~ 8 成满即可，发得太过，面包孔洞多，口感不好。

④酵母用量和发酵时间应根据天气的冷暖进行适当调节。

1. 面团搅拌不足或过度搅拌对面包品质有影响吗？

2. 原味吐司面包成型时为什么要揉匀揉透？

任务2　全麦吐司面包的制作

【学习目标】

★熟练并安全使用面包房设备工具。

★学会全麦吐司面包的工艺流程。

★掌握面团搅拌投料顺序和判断面团筋力的程度。

★掌握全麦吐司面包的种类和成型方法。

【任务描述】

全麦粉含有丰富的维生素、矿物质，是一种含有小麦完整部分的面粉。全麦粉除含有食物纤维外，还含有丰富的铁、维生素 B_1、维生素 E 以及各种矿物质等，是一种营养价值极高的食材。全麦吐司面包是在原味吐司面包的基础上添加 20% ~ 40% 的全麦粉制作而成的。它的制作方法与吐司面包相同。

【任务分析】

4.2.1　制作要领分析

①在面团制作过程中，若是筋力太强，要适当延长松弛时间，不可将面团擀破，同时面团装模时，收口要朝下压紧。

②面团发至烤模 8 成满即可。否则，发酵过度，烘烤过程中面团会胀出来。

③在烘烤时，不能打开全麦吐司模盖，因为面团在烘烤过程中急剧膨胀，容易冒出。

④从烤箱中取出全麦吐司面包时，吐司模盖很难开启，说明烘烤时间不足，需再烘烤几分钟。

⑤全麦吐司面包需脱模后进行冷却，出模时要注意，不要过分抖动，否则容易变形。

4.2.2 制作过程分析

制作全麦吐司面包一般需经过准备工作、称量原料、原料搅拌、面团发酵、面团加工、二次发酵和烘焙成熟等步骤。具体操作方法与注意事项如下：

1）准备工作

①准备器具、设备用具：温度计、远红外线电烤炉、烤盘、搅拌机、粉筛、油刷、片刀、发酵箱、吐司模等。

②原料：高筋面粉、全麦粉、燕麦片、奶粉、酵母、糖、盐、黄油、水等。

注意事项：工作前检查设备工具是否完好齐全，做好清洁卫生工作。

2）制作过程

（1）称量原料

全麦吐司面包原料及参考用量表

原料		烘焙百分比/%	参考用量/g	说明
全麦吐司面包	高筋面粉	100	600	—
	全麦粉	66.7	400	以高筋面粉为基数计算
	糖	15	90	
	酵母	2	12	
	黄油	8.3	50	
	水	91.7	550	
	盐	2	12	
	奶粉	3.3	20	
	燕麦片	8.3	50	

注意事项：在称量原料时一定要将比例算准确，面粉一定要过筛，否则有面粉颗粒会影响成型。

（2）原料搅拌

操作方法：将所有干性原料（高筋面粉、全麦粉、酵母、盐、糖、奶粉、燕麦片）通过慢速搅拌，搅拌1～2分钟，再加入水慢速搅拌2～4分钟，中速搅拌3分钟改快速搅拌8分钟至面团达到要求为止。

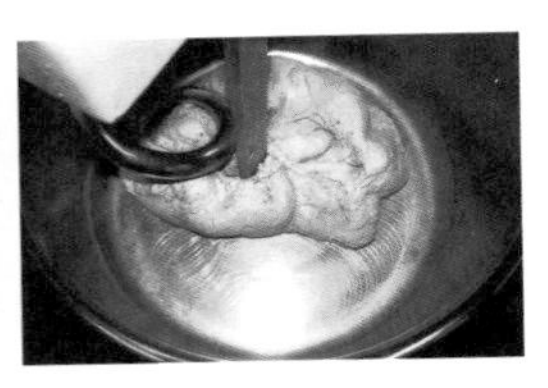

注意事项：投放原料的顺序要正确，并掌握好面团的搅拌时间，鉴别面团是否合格。

（3）面团发酵

操作方法：将面团分成质量为 1 500 g 的小面团。将分割好的面团置于案台上，揉成长条形放入发酵箱中发酵 1 小时。发酵箱的温度控制在 27 ℃，相对湿度在 70%。

注意事项：掌握好发酵时间和温度。

（4）面团加工

操作方法：将发好的面团放在案板上，擀成长条形，并压出空气，由外向里卷成圆柱形，捏紧收口，表面粘燕麦片，放入吐司模中。

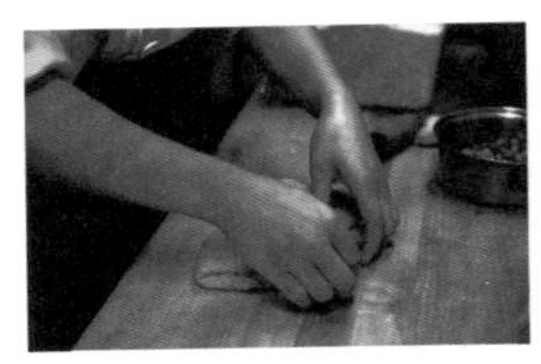
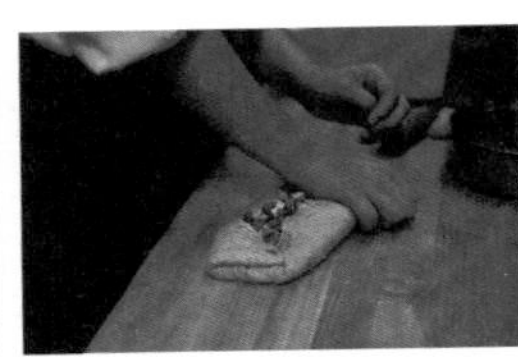

注意事项：面团成型时一定要揉匀揉透，使其表面光滑，以利于气体保存和之后工序的操作。

（5）二次发酵

操作方法：将成型的面包生坯放入烤盘，盖上盖，再放入发酵箱内发酵。温度控制在 28 ~ 35 ℃，相对湿度为 60% ~ 75%，发酵时间为 1 ~ 1.5 小时。

注意事项：发酵不足和发酵过度对面包质量都有很大影响。发酵不足：面团体积小，组织不疏松，弹性差。发酵过度：面团体积膨大，易塌，烤后组织粗糙。

（6）烘焙成熟

操作方法：烤箱预热，上火 190 ℃，下火 160 ℃，烘烤时间约 50 分钟。将生坯入炉烘烤至金黄色即可。

注意事项：注意烤箱温度与烘烤时间。温度高、时间短：易发生外焦里不熟的现象。温

度低、时间长：水分易流失，成品组织不疏松。烘烤时喷水才能使表皮松脆。

【任务考核】

学员以 6 人为一个小组合作完成全麦吐司面包制作技能训练。参照制作过程、操作方法及注意事项进行练习，共同探讨全麦吐司面包的制作并完成训练进度表。

训练内容	训练重点	时间记录	训练效果	改进措施
全麦吐司面包的制作	准备工作			
	原料搅拌			
	面团发酵			
	面团加工			
	二次发酵			
	装饰与烘烤			
	安全卫生			

【任务评价】

以小组为单位，由组长组织，教师指导，按下表中的要求做出相应的组内评价和小组互评，通过讨论给出任务完成效果等级。

评价项目	序　号	评价要点	组内评价	小组互评	教师评价
全麦吐司面包的制作	1	面团的软硬程度是否适度	A 达标 /B 不达标	A 达标 /B 不达标	A 达标 /B 不达标
	2	整体形态一致、造型美观	A 达标 /B 不达标	A 达标 /B 不达标	A 达标 /B 不达标
	3	口感松、软、香	A 达标 /B 不达标	A 达标 /B 不达标	A 达标 /B 不达标
	4	外形适当点缀	A 达标 /B 不达标	A 达标 /B 不达标	A 达标 /B 不达标
	5	食品卫生	A 达标 /B 不达标	A 达标 /B 不达标	A 达标 /B 不达标
	6	120 分钟内完成成品制作	A 达标 /B 不达标	A 达标 /B 不达标	A 达标 /B 不达标
	7	完成任务效果	优秀：≥ 4A 合格：3A 不合格：＜ 3A	优秀：≥ 4A 合格：3A 不合格：＜ 3A	优秀：≥ 4A 合格：3A 不合格：＜ 3A

【任务拓展】

改变面团的造型、馅料等，使全麦吐司面包改变单一的造型，丰富其口感及提高营养价值。

酥皮吐司面包：可用牛角面皮配合低脂面包面皮制作。

【任务反思】

调制面包面团时水的用量变化可根据以下情况进行调节：

①面粉吸水量。

②气温。

③油脂与糖量增加时相应减少。

④其他液体量增加则相对减少。

课后练习

1. 如何鉴别面团的发酵程度？

2. 影响面包发酵的因素有哪些？

项目实训——吐司面包的制作

一、布置任务

1. 小组活动：根据吐司面包的制作方法，依据本地的特色物产，小组成员讨论制作一款有特色的咸味面包。

2. 个人完成：实习报告册的撰写。

3. 小组完成：小组成员根据岗位的需求分工完成品种的制作。

二、实训准备

1. 小组长完成原料单的填写。

2. 小组成员负责设施设备的检查和准备。

三、实训步骤

1. 小组长根据岗位的需求将任务细化分配给小组成员。

2. 各小组成员在规定的时间内完成产品制作。

3. 各小组做好各项工作记录，填写评价表。

四、小组评价

1. 制作吐司面包应掌握哪些知识？

2. 制作一款合格的吐司面包应掌握哪些制作过程？

3. 制作吐司面包应掌握的技能要领有哪些？

4. 产品送评，请老师和其他小组成员品尝及点评。

五、综合评价

综合评价包括制作评价和个人能力评价。主要项目如下：

1. 吐司面包制作评价。

吐司面包制作评价表

评价项目	序　号	评价要点	组内评价	小组互评	教师评价
吐司面包的制作	1	面团的软硬程度是否适度	A 达标 /B 不达标	A 达标 /B 不达标	A 达标 /B 不达标
	2	整体形态一致、造型美观	A 达标 /B 不达标	A 达标 /B 不达标	A 达标 /B 不达标
	3	口感酥、松、软、香	A 达标 /B 不达标	A 达标 /B 不达标	A 达标 /B 不达标
	4	外形适当点缀	A 达标 /B 不达标	A 达标 /B 不达标	A 达标 /B 不达标
	5	装盘卫生	A 达标 /B 不达标	A 达标 /B 不达标	A 达标 /B 不达标
	6	120 分钟内完成成品制作	A 达标 /B 不达标	A 达标 /B 不达标	A 达标 /B 不达标
	7	完成任务效果	优秀：≥ 4A 合格：3A 不合格：< 3A	优秀：≥ 4A 合格：3A 不合格：< 3A	优秀：≥ 4A 合格：3A 不合格：< 3A

2. 个人能力评价。

个人能力评价表

内　容			评　价	
学习目标		评价项目	小组评价	教师评价
知识	应知	1. 吐司面包的类型、成型方法	A. 优　B. 良 C. 一般	A. 优　B. 良 C. 一般
		2. 制作吐司面包原料的选用及处理	A. 优　B. 良 C. 一般	A. 优　B. 良 C. 一般
专业能力	应会	1. 熟悉吐司面包的制作流程及工艺	A. 优　B. 良 C. 一般	A. 优　B. 良 C. 一般
		2. 掌握吐司面包的制作技术要领	A. 优　B. 良 C. 一般	A. 优　B. 良 C. 一般
		3. 掌握烘焙技术	A. 优　B. 良 C. 一般	A. 优　B. 良 C. 一般
通用能力	团队组织、合作能力	合理分配细化任务	A. 优　B. 良 C. 一般	A. 优　B. 良 C. 一般
	沟通、协调能力	同学间的交流	A. 优　B. 良 C. 一般	A. 优　B. 良 C. 一般
	解决问题能力	突发事件的处理	A. 优　B. 良 C. 一般	A. 优　B. 良 C. 一般
	自我管理能力	卫生安全	A. 优　B. 良 C. 一般	A. 优　B. 良 C. 一般

续表

内容			评价	
学习目标		评价项目	小组评价	教师评价
通用能力	创新能力	品种变化	A. 优　B. 良 C. 一般	A. 优　B. 良 C. 一般
态度	爱岗敬业	态度认真	A. 优　B. 良 C. 一般	A. 优　B. 良 C. 一般
个人努力方向与建议				

项目5

调理面包的制作

调理面包是指烤制成熟前或烤制成熟后在面包坯表面或内部添加奶油、人造黄油、鸡蛋清、可可、果酱等辅料的面包。法国人最早研制出了三明治，随之各式各样的调理面包相继出现。调理面包一般是先将烤制好的吐司面包切成片，一面抹一层奶油，入炉烤干，然后中间夹入蔬菜、肉饼或火腿、酱料等制作而成的。随着不断更新，调理面包又具有操作简单、携带方便的特点。调理面包由于口味、造型的多样化，越来越受到人们的青睐。

任务1 香葱辫子面包的制作

【学习目标】

★掌握香葱辫子面包的制作方法、成型方法。
★区分并选用制作香葱辫子面包的常用原料。
★熟练并安全使用西饼房设备工具。

【任务描述】

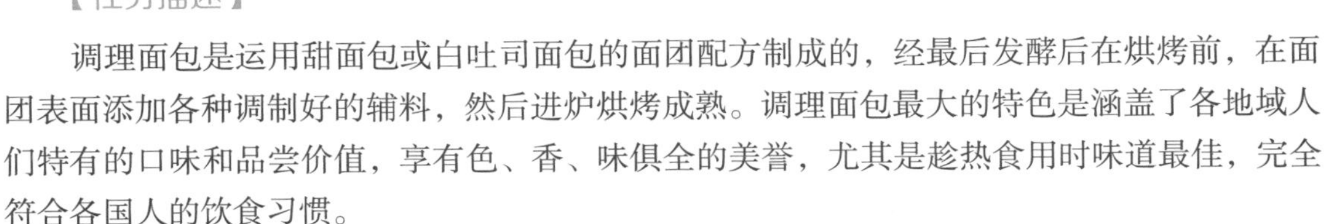

调理面包是运用甜面包或白吐司面包的面团配方制成的，经最后发酵后在烘烤前，在面团表面添加各种调制好的辅料，然后进炉烘烤成熟。调理面包最大的特色是涵盖了各地域人们特有的口味和品尝价值，享有色、香、味俱全的美誉，尤其是趁热食用时味道最佳，完全符合各国人的饮食习惯。

香葱辫子面包以香葱作为添加辅料，运用了编麻花辫的造型方法，色泽诱人、香味浓郁、形状交错有层次。

【任务分析】

5.1.1 制作要领分析

①面团不可太软。

②在生坯面团成型的过程中，要做到大小一致。

③在最后发酵过程中，发酵箱的湿度不可太高，否则面包坯会变形。

④整盘面包坯发酵好后，轻轻地把它放入烤炉中，避免塌陷。

⑤烘烤面包时的炉温要控制好，炉温太高，表面上色快，瓤心未成熟。

5.1.2 制作过程分析

制作香葱辫子面包一般需经过准备工作、称量原料、原料搅拌、面团静置、面团分割搓圆、造型、发酵、装饰和烘焙成熟等步骤。具体操作方法与注意事项如下：

1）准备工作

①设备用具：远红外线电烤炉、烤盘、搅拌机、粉筛、油刷、刮刀、发酵箱等。

②原料：高筋面粉、奶粉、酵母、糖、盐、黄油、鸡蛋、水、肉松、香葱、黄金酱等。

注意事项：工作前检查设备工具是否完好齐全，做好清洁卫生工作。

2）制作过程

（1）称量原料

香葱辫子面包原料及参考用量表

原料		烘焙百分比 /%	参考用量 /g	说明
香葱辫子面包（主料）	高筋面粉	100	600	—
	奶粉	6.6	40	以高筋面粉为基数计算
	糖	5	30	
	鸡蛋	15	90	
	酵母	3.3	20	
	盐	2	12	
	水	91.7	550	
	黄油	8.3	50	
香葱辫子面包（配料）	肉松	8.3	50	
	香葱	8.3	50	
	黄金酱	5	30	

注意事项：在称量原料时一定要将比例算准确，面粉一定要过筛，否则有面粉颗粒会影响面包成型。

（2）原料搅拌

操作方法：

①将所有干性原料（高筋面粉、酵母、糖、奶粉）投入搅拌缸内，慢速搅拌均匀。

②分次加入水，高速搅拌至面筋初步扩展。

③加入盐、黄油慢速拌匀。

④高速搅拌至面筋完全扩展。

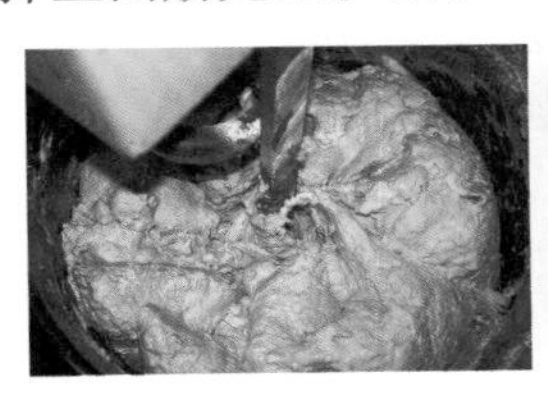 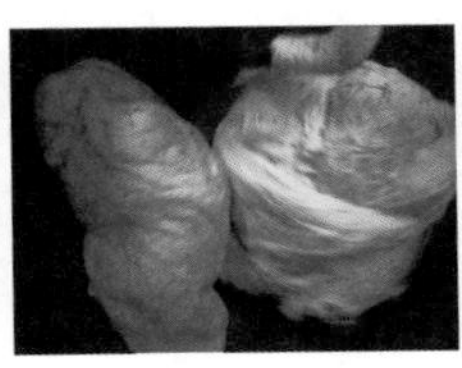 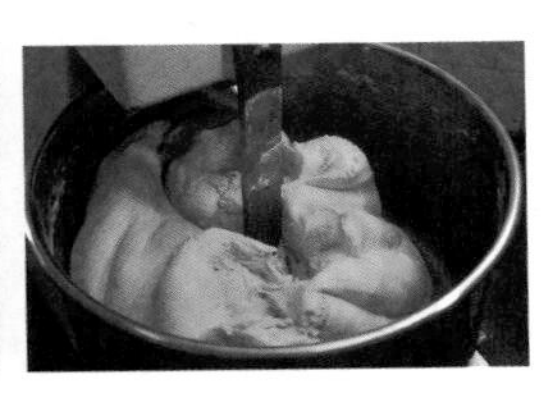

注意事项：投放原料的顺序要正确，并掌握好面团的搅拌时间。鉴别面团是否合格。

（3）面团静置

操作方法：

①用手拉开面团，能拉成均匀透明的薄膜，即为最佳状态，此时面团温度为 26 ～ 28 ℃。

②将面团放置在 28 ℃的环境下发酵约 30 分钟。

注意事项：能正确掌握面团搅拌时间。

（4）面团分割搓圆

操作方法：发酵好的面团按所需的质量分割成小面团，然后将小面团搓圆，松弛 15 ～ 20 分钟，即可进行造型。

注意事项：面团成型时一定要揉匀揉透，使其表面光滑，以利于气体保存和之后工序的操作。

（5）造型

操作方法：

①将松弛好的面团擀开卷起。

②搓成长条。

③将三根长条编成辫子形。

注意事项：搓条时注意力度，搓好的条要长短、粗细一致。

（6）发酵

操作方法：将编好的生坯放入烤盘，再放入发酵箱中，温度为 38 ℃，相对湿度为 60% ～ 75%，发酵 1 小时左右。

注意事项：发酵不足和发酵过度对面包质量都有很大影响。发酵不足：面团体积小，组织不疏松，弹性差。发酵过度：面团体积膨大，易塌，烤后组织粗糙。

（7）装饰

操作方法：在发酵好的生坯表面刷上鸡蛋液，装饰肉松、香葱，挤上黄金酱。

注意事项：刷鸡蛋液时要注意力度，力度过大生坯容易下塌。装饰的肉松、香葱要撒均匀。

（8）烘焙成熟

操作方法：烤箱预热，上火 200 ℃，下火 170 ℃，烘烤时间约 15 分钟。将生坯入炉烘烤至金黄色即可。

注意事项：注意烤箱温度与烘烤面包的时间。温度高、时间短：易发生外焦里不熟的现象。温度低、时间长：水分易流失，成品组织不疏松。烘烤时喷水才能使表皮松脆。

【任务考核】

学员以 6 人为一个小组合作完成香葱辫子面包制作技能训练。参照制作过程、操作方法及注意事项进行练习，共同探讨香葱辫子面包的制作并完成训练进度表。

训练内容	训练重点	时间记录	训练效果	改进措施
香葱辫子面包的制作	准备工作			
	原料搅拌			
	面团发酵			
	面团加工			
	二次发酵			
	装饰与烘烤			
	安全卫生			

【任务评价】

以小组为单位，由组长组织，教师指导，按下表中的要求做出相应的组内评价和小组互评，通过讨论给出任务完成效果等级。

评价项目	序　号	评价要点	组内评价	小组互评	教师评价
香葱辫子面包的制作	1	面团的软硬程度是否适度	A 达标 /B 不达标	A 达标 /B 不达标	A 达标 /B 不达标
	2	整体形态一致、造型美观	A 达标 /B 不达标	A 达标 /B 不达标	A 达标 /B 不达标
	3	口感松、软、香	A 达标 /B 不达标	A 达标 /B 不达标	A 达标 /B 不达标
	4	安全卫生	A 达标 /B 不达标	A 达标 /B 不达标	A 达标 /B 不达标
	5	120 分钟内完成成品制作	A 达标 /B 不达标	A 达标 /B 不达标	A 达标 /B 不达标
	6	完成任务效果	优秀：≥ 4A 合格：3A 不合格：＜ 3A	优秀：≥ 4A 合格：3A 不合格：＜ 3A	优秀：≥ 4A 合格：3A 不合格：＜ 3A

【任务拓展】

辫子面包的制作可通过不同的造型方式改变外观造型，也可通过辅料的改变制作出不同形状和口味的面包。

【任务反思】

完成该项任务，思考总结面包共分为几类。

①主食面包：指作为主食食用的面包，其配方特点是油和糖的比例低，其他辅料也较少，其主要品种有法式面包、吐司面包。

②花式面包：一般以甜面包为基本坯料，再通过各种馅料、表面装饰、造型、油炸或添加其他辅料（果仁、果干）等方式变化品种。花式面包通常作为点心食用，故又称为点心面包。花式面包是目前，特别是东南亚地区和我国台湾地区流行的面包，配方中的油和糖比例比主食面包高，品种极为丰富。

③调理面包：二次加工的面包，常被当作快餐方便食品，其代表品种有三明治、汉堡、热狗等。制作时一般以主食面包为包坯，切开后抹上沙拉酱或番茄酱，再夹入火腿、鸡蛋、奶酪、蔬菜或牛肉饼、鸡肉饼等。带有咸味馅料或装饰料（如葱花、火腿肠、玉米粒等）的花式面包，习惯上也称为调理面包。

④酥皮面包：是将发酵的面团包裹油脂后，再反复擀制而制成的一类面包。它兼有酥皮点心和面包的特点，酥软爽口、风味奇特。酥皮面包的代表品种为丹麦包和可颂面包。

1. 面团搅拌不足或搅拌过度对面包品质有影响吗？
2. 香葱辫子面包使用的是哪种成型方法？

任务2 黄金椰子面包的制作

【学习目标】

★掌握黄金椰子面包的制作方法、成型方法。
★区分并选用制作调理面包的常用原料。
★熟练并安全使用西饼房设备工具。

【任务描述】

制作调理面包所用辅料的摄取范围十分广泛，蔬菜、葱屑、火腿、碎肉、萝卜以及鱼、肉酱、玉米罐头等食品，都是制作调理面包的好材料。黄金椰子面包就是运用黄油和椰丝为辅料，既增加了面包的香醇，也丰富了面包的色泽。

【任务分析】

5.2.1 制作要领分析

①面团不可太软。
②在生坯面团造型的过程中，要做到大小一致。

③在发酵面包坯过程中，发酵箱的湿度不可太大，否则面包坯会变形。

④面包坯发酵好后，轻轻地放入烤炉中，避免面包坯塌陷。

⑤烘烤面包坯时的炉温要控制好，炉温太高，表面上色快，瓤心未成熟。

5.2.2 制作过程分析

制作黄金椰子面包一般需经过准备工作、称量原料、面团原料搅拌、面团发酵、成型、二次发酵、调制黄金椰子酱、表面修饰和烘焙成熟等步骤。具体操作方法与注意事项如下：

1）准备工作

①准备器具、设备用具：远红外线电烤炉、烤盘、搅拌机、粉筛、油刷、刮刀、擀面棍、发酵箱等。

②原料：高筋面粉、奶粉、酵母、白糖、盐、黄油、鸡蛋、水、椰蓉、玉米淀粉、面包改良剂、糖粉、液态酥油、柠檬黄色素等。

注意事项：工作前检查设备工具是否完好齐全，做好清洁卫生工作。

2）制作过程

（1）称量原料

黄金椰子面包原料及参考用量表

原　料		烘焙百分比 /%	参考用量 /g	说　明
主料	高筋面粉	100	500	—
	白糖	20	100	以高筋面粉为基数计算
	黄油	20	100	
	鸡蛋	15	75	
	奶粉	3	15	
	面包改良剂	1	5	
	酵母	2	10	
	盐	1	5	
	水	60	300	
黄金椰子酱	椰蓉	100	300	—
	糖粉	83	250	以椰蓉为基数计算
	液态酥油	416	1250	
	鸡蛋	100	300	
	玉米淀粉	16	50	
	柠檬黄色素		适量	

注意事项：在称量原料时一定要将比例算准确，面粉一定要过筛，否则有面粉颗粒会影响成型。

（2）面团原料搅拌

操作方法：

①将所有干性原料（高筋面粉、白糖、酵母、奶粉）放入搅拌缸中，慢速搅拌均匀。

②加入鸡蛋慢速搅拌，再分次加入水，快速搅拌至面筋初步形成。

③加入黄油，慢速搅拌均匀；改用快速搅拌至面筋完全扩展。

④用手拉开面团拉出均匀、透明的薄膜即为最佳状态，面团温度应为 26 ~ 28 ℃。

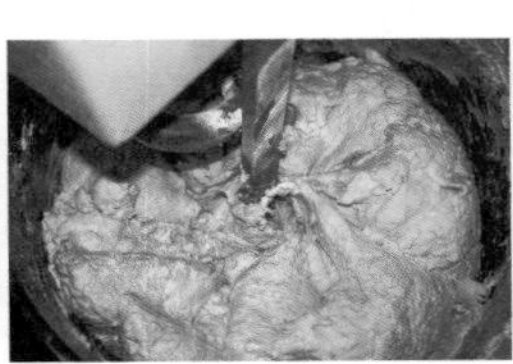
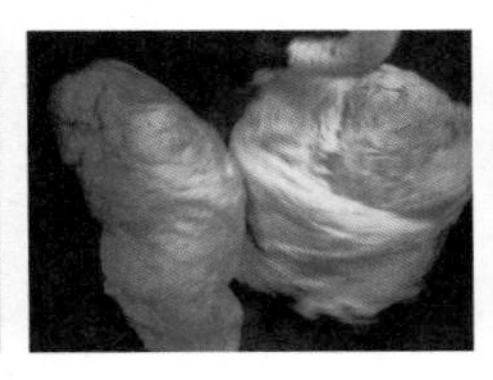
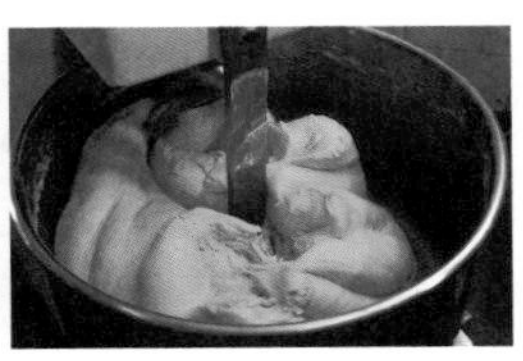

注意事项：投放原料的顺序要正确，掌握好面团的搅拌时间，面团搅拌不足或搅拌过度对面包品种都会有影响。鉴别面团是否合格。

（3）面团发酵

操作方法：将面团放入发酵箱中，温度控制在 28 ℃，发酵 30 分钟。

注意事项：掌握好发酵时间和温度。

（4）成型

操作方法：

①将第一次发酵好的面团按所需质量分割成小面团，每个重 60 g。

②面团置于案台上松弛 5 分钟，搓圆，松弛。

③将松弛好的面团搓成长条形，编成橄榄形。

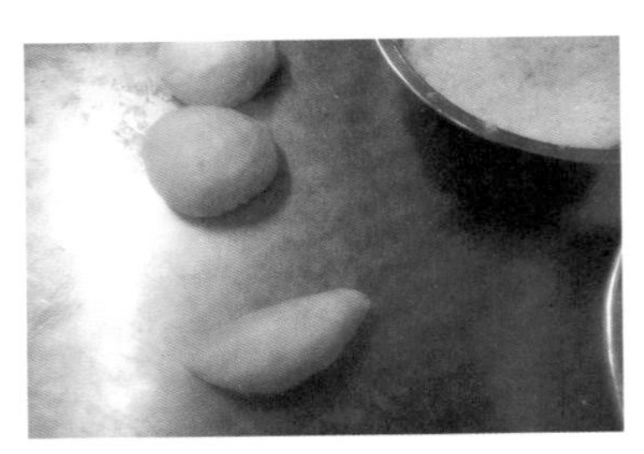

注意事项：面团成型时一定要揉匀揉透，使其表面光滑，以利于气体保存，搓圆面团的目的是恢复被分割时破坏的面筋网状结构；排出部分二氧化碳气体，便于酵母的繁殖。

（5）二次发酵

操作方法：将成型好的生坯放入烤盘，再放入发酵箱内发酵。温度控制在 28 ～ 35 ℃，相对湿度为 60% ～ 75%，发酵时间为 1 ～ 1.5 小时。

注意事项：发酵不足和发酵过度对面包质量都有很大影响。发酵不足：面团体积小，组织不疏松，弹性差。发酵过度：体积膨大，刷鸡蛋液时易塌，烤后组织粗糙。

（6）调制黄金椰子酱

操作方法：将鸡蛋、糖粉放入打蛋桶内中速打至发白；再调至高速，加入液态酥油，打至浓稠如沙拉酱状；调至慢速，加入椰蓉、玉米淀粉及少许柠檬黄色素搅拌均匀即可待用。

注意事项：每次加入原料的顺序及搅拌速度要掌握好，最后加完原料搅拌均匀即可，忌搅拌时间过长。

（7）表面修饰

操作方法：取出发酵好的生坯，用裱花袋装入黄金椰子酱，在生坯表面均匀地挤上一层黄金椰子酱。

注意事项：挤黄金椰子酱时动作要轻，以免生坯塌陷。

（8）烘焙成熟

操作方法：烤箱预热，上火 200 ℃，下火 180 ℃，烘烤时间为 15 ～ 20 分钟。将生坯入炉烘烤至金黄色即可。

注意事项：注意烤箱温度与烘烤时间。温度高、时间短：易发生外焦里不熟的现象。温度低、时间长：水分易流失，成品组织不疏松。

【任务考核】

学员以6人为一个小组合作完成黄金椰子面包制作技能训练。参照制作过程、操作方法及注意事项进行练习，共同探讨黄金椰子面包的制作并完成训练进度表。

训练内容	训练重点	时间记录	训练效果	改进措施
黄金椰子面包的制作	准备工作			
	原料搅拌			
	面团发酵			
	面团加工			
	二次发酵			
	装饰与烘烤			
	安全卫生			

【任务评价】

以小组为单位，由组长组织，教师指导，按下表中的要求做出相应的组内评价和小组互评，通过讨论给出任务完成效果等级。

评价项目	序　号	评价要点	组内评价	小组互评	教师评价
黄金椰子面包的制作	1	面团的软硬程度是否适度	A 达标 /B 不达标	A 达标 /B 不达标	A 达标 /B 不达标
	2	整体形态一致、造型美观	A 达标 /B 不达标	A 达标 /B 不达标	A 达标 /B 不达标
	3	口感松、软、香，有浓椰丝香味	A 达标 /B 不达标	A 达标 /B 不达标	A 达标 /B 不达标
	4	外形适当点缀	A 达标 /B 不达标	A 达标 /B 不达标	A 达标 /B 不达标
	5	食品卫生	A 达标 /B 不达标	A 达标 /B 不达标	A 达标 /B 不达标
	6	120分钟内完成制品制作	A 达标 /B 不达标	A 达标 /B 不达标	A 达标 /B 不达标
	7	完成任务效果	优秀：≥4A 合格：3A 不合格：＜3A	优秀：≥4A 合格：3A 不合格：＜3A	优秀：≥4A 合格：3A 不合格：＜3A

【任务拓展】

黄金椰子面包制作可通过不同造型方式改变面包制作外观造型，通过辅料的改变可以制作出不同形状和口味的面包。例如，螺丝形、手掌形、长条形、三角形等。为了增加香味，可以在馅料中添加奶粉或椰子粉。

【任务反思】

完成该项任务，思考是否掌握以下技能：

1. 为什么揉面时一定要将面揉匀、揉透，原理是什么？
2. 在烤制过程中为什么要喷水？
3. 二次发酵时间不足或过长会出现哪些现象？

1. 尝试运用不同的调理辅料制作不同口味的夹馅面包。
2. 如何鉴别面团的发酵程度？
3. 影响面包发酵的因素有哪些？

项目实训——调理面包的制作

一、布置任务

1. 小组活动：根据调理面包的制作方法，依据本地的特色物产，小组成员讨论制作一款有特色的调理面包。
2. 个人完成：实习报告册的撰写。
3. 小组完成：小组成员根据岗位的需求分工完成品种的制作。

二、实训准备

1. 小组长完成原料单的填写。
2. 小组成员负责设施设备的检查和准备。

三、实训步骤

1. 小组长根据岗位的需求将任务细化，分配给小组成员。
2. 各小组成员在规定的时间内完成产品制作。
3. 各小组做好各项工作记录，填写评价表。

四、小组评价

1. 制作调理面包应掌握哪些知识？
2. 制作一款合格的调理面包应掌握哪些制作过程？
3. 制作调理面包应掌握的技能要领有哪些？
4. 产品送评，请老师和其他小组成员品尝及点评。

五、综合评价

综合评价包括制作评价和个人能力评价。主要项目如下：

1. 调理面包制作评价。

调理面包制作评价表

评价项目	序 号	评价要点	组内评价	小组互评	教师评价
调理面包的制作	1	面团的软硬程度是否适度	A 达标 /B 不达标	A 达标 /B 不达标	A 达标 /B 不达标
	2	整体形态一致、造型美观	A 达标 /B 不达标	A 达标 /B 不达标	A 达标 /B 不达标
	3	口感酥、松、软、香	A 达标 /B 不达标	A 达标 /B 不达标	A 达标 /B 不达标
	4	外形适当点缀	A 达标 /B 不达标	A 达标 /B 不达标	A 达标 /B 不达标
	5	卫生	A 达标 /B 不达标	A 达标 /B 不达标	A 达标 /B 不达标
	6	120 分钟内完成成品制作	A 达标 /B 不达标	A 达标 /B 不达标	A 达标 /B 不达标
	7	完成任务效果	优秀：≥ 4A 合格：3A 不合格：＜ 3A	优秀：≥ 4A 合格：3A 不合格：＜ 3A	优秀：≥ 4A 合格：3A 不合格：＜ 3A

2. 个人能力评价。

个人能力评价表

内 容			评 价	
学习目标		评价项目	小组评价	教师评价
知识	应知	1. 调理面包的类型、成型方法	A. 优 B. 良 C. 一般	A. 优 B. 良 C. 一般
		2. 制作调理面包原料的选用及处理	A. 优 B. 良 C. 一般	A. 优 B. 良 C. 一般
专业能力	应会	1. 熟悉调理面包的制作流程及工艺	A. 优 B. 良 C. 一般	A. 优 B. 良 C. 一般
		2. 掌握调理面包的制作技术要领	A. 优 B. 良 C. 一般	A. 优 B. 良 C. 一般
		3. 掌握烘焙技术	A. 优 B. 良 C. 一般	A. 优 B. 良 C. 一般
通用能力	团队组织、合作能力	合理分配细化任务	A. 优 B. 良 C. 一般	A. 优 B. 良 C. 一般
	沟通、协调能力	同学间的交流	A. 优 B. 良 C. 一般	A. 优 B. 良 C. 一般

续表

内容			评价	
学习目标		评价项目	小组评价	教师评价
通用能力	解决问题能力	突发事件的处理	A. 优　B. 良 C. 一般	A. 优　B. 良 C. 一般
	自我管理能力	卫生安全	A. 优　B. 良 C. 一般	A. 优　B. 良 C. 一般
	创新能力	品种变化	A. 优　B. 良 C. 一般	A. 优　B. 良 C. 一般
态度	爱岗敬业	态度认真	A. 优　B. 良 C. 一般	A. 优　B. 良 C. 一般
个人努力方向与建议				

项目6

油炸面包的制作

前面介绍的都是烘烤而成的面点，本项目介绍的是以油炸、煎制为主的制品。制作这类面点，需要多种不同的面团和面糊。有酵母发酵制作的面团，有简易乳化搅拌后的面团，有像指状饼一样的面糊，有经酥松法搅拌后的面糊等。

【学习目标】

★熟练并安全使用面包房设备工具。
★区分并合理使用制作甜甜圈的常用原料。
★掌握甜甜圈的制作方法。

任务1 甜甜圈的制作

甜甜圈也称为面包圈，中国台湾地区常称唐纳滋、多拿滋，中国香港地区以英语音译粤语称冬甩、多甩。相传在20世纪40年代，美国有一位叫葛雷的船长，他小时候非常爱吃妈妈亲手制作的炸面包，但有一天他发现炸面包的中间部分因油炸时间不足没完全熟，于是妈妈便将炸面包的中间部分挖除，重新炸了一次。他发现炸面包的口味竟然更加美味，于是中空的炸面包——甜甜圈，就此诞生。由于甜甜圈是以高温热油炸制，因此甜甜圈好吃的秘诀便在于如何在短时间内完全炸熟甜甜圈。

【任务描述】

甜甜圈的面团通常与甜面包或小面包的面团类似，但油脂含量较低，即面团中的糖、油脂、鸡蛋的含量降低。在煎炸时，含油脂过多的面团容易吸收大量的油脂，并容易炸焦，不是外表颜色太深，就是面团里面没有炸熟。含油脂低的面团的筋力较强，经得起发酵和煎炸时质的变化。

【任务分析】

6.1.1 制作要领分析

①面团不可太软。

②在面团造型的过程中，每擀一次，要充分松弛面团，避免切割的面包坯形状不规则。

③在发酵过程中，发酵箱的湿度不可太高，否则面包坯会变形。

④面包坯发酵好后，轻轻地把生坯放到炸炉中，避免塌陷。

⑤炸制时油温要控制好，油温太高，表面上色快，瓤心未成熟。

⑥炸出的甜甜圈要沥去多余的油。

6.1.2 制作过程分析

制作甜甜圈一般需经过准备工作、称量原料、原料搅拌、面团发酵、修整成型、二次发酵和炸制成熟等步骤。具体操作方法与注意事项如下：

1）准备工作

①设备用具：远红外线电烤炉、烤盘、发酵箱、多功能搅拌机、粉筛、勺子、小号不锈钢碗、油刷、量杯、台秤、油锅等。

②面团原料：面包粉、白糖、起酥油、鸡蛋、炼乳、酵母、盐、水等。

注意事项：工作前检查设备工具、原材料是否完好齐全，做好清洁卫生工作。

2）制作过程

（1）称量原料

甜甜圈原料及参考用量表

原　料		烘焙百分比 /%	参考用量 /g	说　明
甜甜圈	面包粉	100	750	—
	酵母	5	38	以面包粉为基数计算
	起酥油	10	75	
	白糖	14	105	
	盐	1.9	14	
	炼乳	5	38	
	鸡蛋	14	105	
	水	54.5	410	

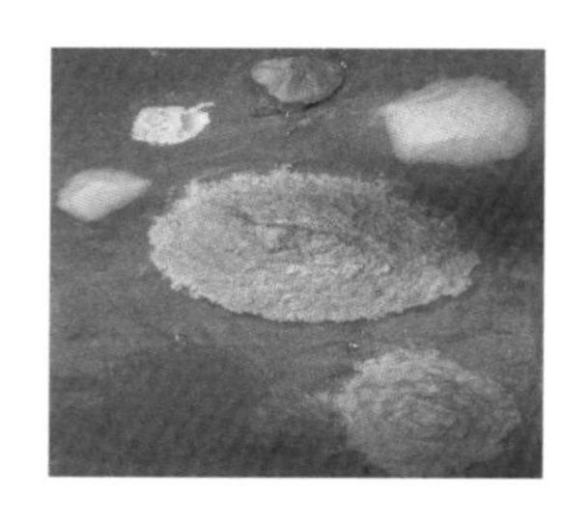

注意事项：

①面包粉应选用面筋强度高、发酵耐力强、品质均匀、吸水率高的面粉。

②面团属于油脂面团，尽可能减少油脂、白糖、鸡蛋的含量。

（2）原料搅拌

操作方法：

①用多于酵母4倍的水软化酵母。

②将炼乳、鸡蛋、酵母和白糖放入搅拌机中搅拌均匀，加入面粉搅拌成团，最后加入盐、起酥油搅拌均匀。

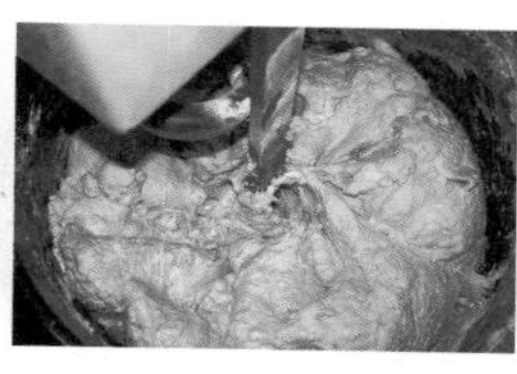
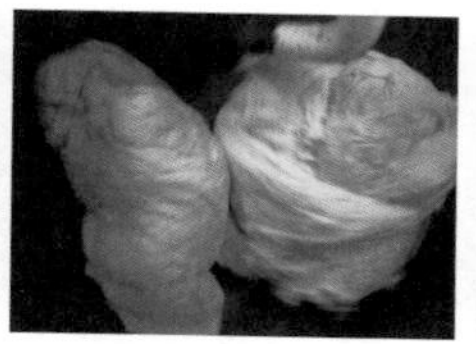
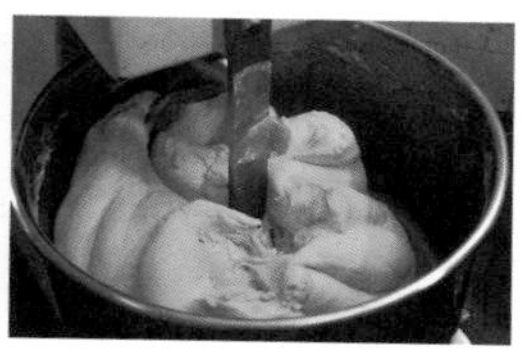

注意事项：

①酵母和盐不能接触。

②一定要在面团起筋后再加入起酥油，过早加入会抑制面筋生产。

（3）面团发酵

操作方法：将面团放入发酵箱，温度控制在27 ℃，相对湿度为70% ~ 75%，发酵时间为1 ~ 1.5小时。

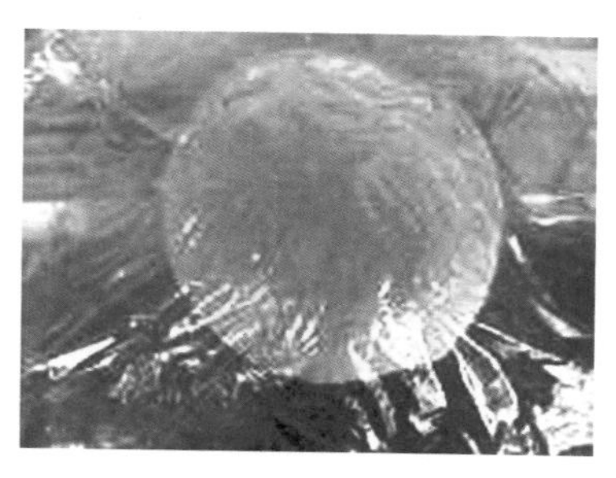

注意事项：

①避免使用太多蒸汽，否则会使面团表皮变软，且发酵不均匀。

②借助视觉和触觉来判断发酵过程是否完成。

（4）修整成型

操作方法：将发酵后的面团取出，擀成12 mm厚薄均匀的面皮，发酵3 ~ 5分钟，使面团松弛。用面包圈切割器切割面皮，放在撒了面粉或刷油的烤盘内。

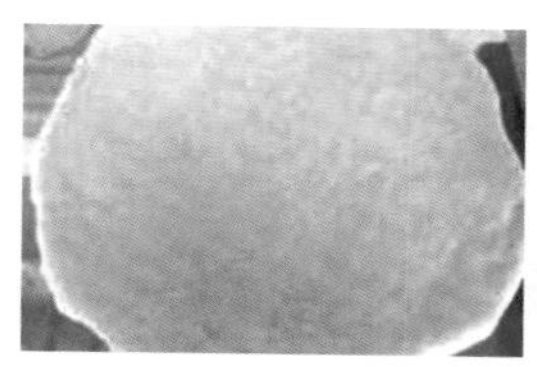

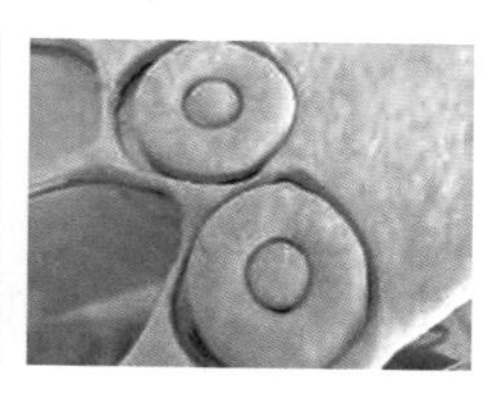

注意事项：

①擀好面团后一定要等其松弛后再切割。

②将切剩下的面团收在一起，揉匀，醒一会儿，可重复擀开，切割。

（5）二次发酵

操作方法：将切割好的甜甜圈放入烤盘内，再放入发酵箱内发酵。将温度控制在27 ~ 30 ℃，相对湿度为60% ~ 65%，发酵时间约10分钟。

注意事项：

①发酵箱的温度和湿度要根据当时的天气条件进行调节。

②必要时可用高温油纸剪成甜甜圈大小垫在烤盘上，放上甜甜圈再进行二次发酵。

（6）炸制成熟

操作方法：将生坯放入约180 ℃的热油中炸至外表呈金黄色，熟透，起锅沥干油。

注意事项：

①生坯忌用手拿，应用铲子或刮刀，以防甜甜圈变形。

②掌握油温，油温太高容易使甜甜圈急速焦黑，油温太低容易使甜甜圈吃油多。

③炸制时要不时地翻动，以免甜甜圈上色不均。

【任务考核】

学员以6人为一个小组合作完成甜甜圈制作技能训练。参照制作过程、操作方法及注意事项进行练习，共同探讨甜甜圈的制作并完成训练进度表。

训练内容	训练重点	时间记录	训练效果	改进措施
甜甜圈的制作	准备工作			
	原料搅拌			
	面团发酵			
	整修成型			
	二次发酵			
	炸制成熟			

【任务评价】

以小组为单位，由组长组织，教师指导，按下表中的要求做出相应的组内评价和小组互评，通过讨论给出任务完成效果等级。

评价项目	序　号	评价要点	组内评价	小组互评	教师评价
甜甜圈的制作	1	面包细腻光滑、软硬适度	A 达标 /B 不达标	A 达标 /B 不达标	A 达标 /B 不达标

续表

评价项目	序　号	评价要点	组内评价	小组互评	教师评价
甜甜圈的制作	2	整体形态一致、造型美观	A 达标 /B 不达标	A 达标 /B 不达标	A 达标 /B 不达标
	3	口感酥、松、软、香	A 达标 /B 不达标	A 达标 /B 不达标	A 达标 /B 不达标
	4	外形适当点缀	A 达标 /B 不达标	A 达标 /B 不达标	A 达标 /B 不达标
	5	160 分钟内完成 12 件制品	A 达标 /B 不达标	A 达标 /B 不达标	A 达标 /B 不达标
	6	完成任务效果	优秀：≥ 4A 合格：3A 不合格：＜ 3A	优秀：≥ 4A 合格：3A 不合格：＜ 3A	优秀：≥ 4A 合格：3A 不合格：＜ 3A

【任务拓展】

用相同的制作方法，选用不同的表皮，可以做出不同花样或不同口味的甜甜圈来。

[**例**] 制作花生甜甜圈。

原料：原味面包甜甜圈数个，巧克力、花生碎粒、花生粉适量。

做法：

①将花生粉及花生碎粒混合均匀备用。

②将炸好的甜甜圈稍微降温，先蘸上加热的巧克力，然后蘸上预先混合好的花生碎粒、花生粉即可。

【任务反思】

完成该项任务，思考是否掌握了以下技能：

①能够区分市场销售的面粉品种，独立采购符合制作甜甜圈的面粉。

②记录下甜甜圈发酵的时间、温度、湿度和面团质量等技术指标。

③可以举一反三，独立制作两到三款不同表皮或点缀的甜甜圈。

课后练习

制作甜甜圈时关键要掌握哪几个步骤？

任务2　油炸鸡腿面包的制作

【学习目标】

★熟练并安全使用面包房设备工具。

★区分并合理使用油炸鸡腿面包制作的常用原料。

★掌握油炸鸡腿面包的制作方法。

油炸鸡腿面包以外形而得名，它像纺锤又像鸡腿，中间有一小根火腿肠，下面插着一根长竹签。大多数面包店都是现炸现卖。

【任务描述】

油炸鸡腿面包的面团通常与甜面包或小面包的面团类似，面团中的糖、油脂、鸡蛋的含量降低。原因在于含油脂低的面团的筋力较强，经得起发酵和煎炸时产生的质的变化。在煎炸时，如果选择的是含油脂过多的面团，则易致生坯成熟后吸收大量的油脂，影响口感。

【任务分析】

6.2.1 制作要领分析

①面团不可太软。

②在面团造型的过程中，切割的面包坯形状要规则。

③在发酵时，发酵箱的湿度不可太高，否则面包坯会变形。

④面包坯发酵好后，轻轻地放到炸炉中，避免面包坯塌陷。

⑤炸制时油温要控制好，油温太高，表面上色快，瓤心未成熟。

⑥炸出的鸡腿面包要沥去多余的油。

6.2.2 制作过程分析

制作油炸鸡腿面包一般需经过准备工作、称量原料、原料搅拌、面团发酵、修整成型、二次发酵和炸制成熟等步骤。具体操作方法与注意事项如下：

1）准备工作

①设备用具：远红外线电烤炉、烤盘、发酵箱、多功能搅拌机、粉筛、勺子、小号不锈钢碗、油刷、量杯、台秤、油锅等。

②面团原料：面包粉、白糖、起酥油、鸡蛋、炼乳、酵母、盐、水等。

注意事项：工作前检查设备工具、原材料是否完好齐全，做好清洁卫生工作。

2）制作过程

（1）称量原料

油炸鸡腿面包原料及参考用量表

原　料		烘焙百分比 /%	参考用量 /g	说　明
油炸鸡腿面包	面包粉	100	750	—
	酵母	5	38	以面包粉为基数计算
	起酥油	10	75	
	白糖	14	105	
	盐	1.9	14	

续表

原料		烘焙百分比/%	参考用量/g	说明
油炸鸡腿面包	炼乳	5	38	以面包粉为基数计算
	鸡蛋	14	105	
	水	54.5	410	

注意事项：

①应选用面筋强度高、发酵耐力强、品质均匀、吸水率强的面包粉。

②面团属于油脂面团，尽可能减少油脂、白糖、鸡蛋的含量。

（2）原料搅拌

操作方法：

①用多于4倍酵母的水软化酵母。

②将炼乳、鸡蛋、酵母和白糖放入搅拌机中搅拌均匀，加入面包粉搅拌成团，最后加入盐、起酥油搅拌至均匀。

  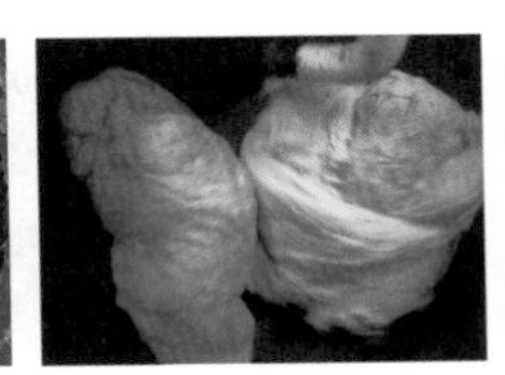 

注意事项：

①不让酵母和盐接触。

②一定要在面团起筋后再加入起酥油，过早加入会抑制面筋生成。

（3）面团发酵

操作方法：将面团放入发酵箱，温度控制在27 ℃，相对湿度为70%～75%，发酵时间为1～1.5小时。

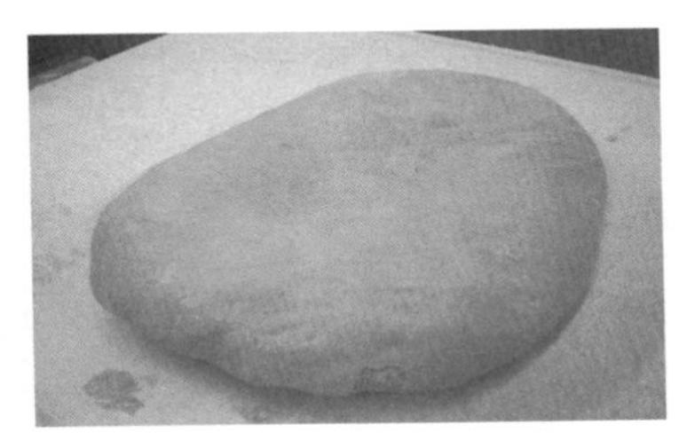

注意事项：

①避免使用太多蒸汽，否则会使面团表皮变软，且发酵不均匀。

②借助视觉和触觉来判断发酵过程是否完成。

（4）修整成型

操作方法：

①将发酵后的面团取出，分割成每个 50 g 的面团，滚圆，松弛 3 ～ 5 分钟。

②火腿肠去皮，用长竹签穿好。

注意事项：

①分割面团要先排气再滚圆。

②穿火腿肠时不要让长竹签穿出头，火腿肠太长时可切一部分再使用。

（5）二次发酵

操作方法：

①取一个面团搓成一头大一头小的长条。

②将大的一头从上向下缠绕包裹住火腿肠。

③面团尾部（小的一头）一定要粘紧。

④将造好型的生胚放在撒了面粉或刷了油的烤盘内。

⑤盖上保鲜膜，放进发酵箱发酵，发酵 30 ～ 50 分钟。

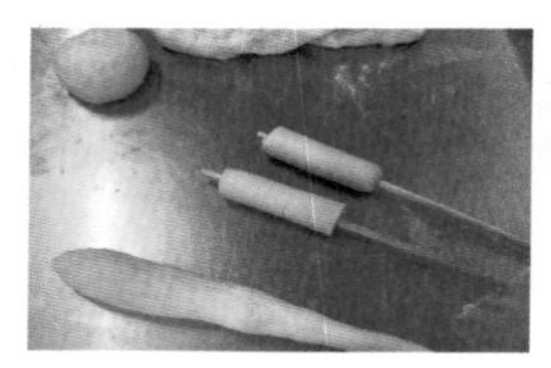 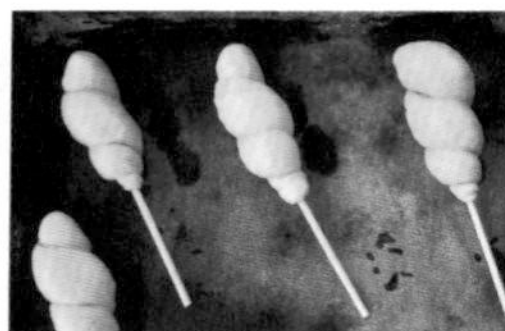 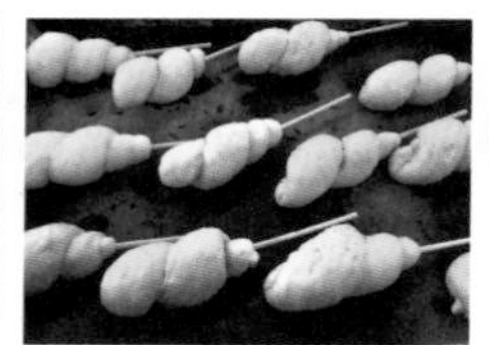 

注意事项：

①发酵箱的温度和湿度要根据当时天气条件进行调节。

②必要时可用高温油纸垫在烤盘上，放上生坯再进行二次发酵。

（6）炸制成熟

操作方法：将生坯放入约 190 ℃的热油中炸至外表呈金黄色，熟透，起锅沥干油。

注意事项：

①生坯忌用手拿，应用铲子或刮刀，以防鸡腿面包变形。

②油温的掌握很重要，炸制时油温太高容易使鸡腿面包急速焦黑，油温太低容易使其吃油过多。

③炸制鸡腿面包时要不时地翻动，以免上色不均匀。

【任务考核】

学员以 6 人为一个小组合作完成油炸鸡腿面包制作技能训练。参照制作过程、操作方法及注意事项进行练习，共同探讨油炸鸡腿面包的制作技能并完成训练进度表。

训练内容	训练重点	时间记录	训练效果	改进措施
油炸鸡腿面包的制作	准备工作			
	原料搅拌			
	面团发酵			
	整修成型			
	二次发酵			
	炸制成型			
	炸制成熟			

【任务评价】

以小组为单位，由组长组织，教师指导，按下表中的要求做出相应的组内评价和小组互评，通过讨论给出任务完成效果等级。

评价项目	序　号	评价要点	组内评价	小组互评	教师评价
油炸鸡腿面包的制作	1	面包细腻光滑、软硬适度	A 达标 /B 不达标	A 达标 /B 不达标	A 达标 /B 不达标
	2	整体形态一致、造型美观	A 达标 /B 不达标	A 达标 /B 不达标	A 达标 /B 不达标
	3	口感酥、松、软、香	A 达标 /B 不达标	A 达标 /B 不达标	A 达标 /B 不达标
	4	外形适当点缀	A 达标 /B 不达标	A 达标 /B 不达标	A 达标 /B 不达标
	5	160 分钟内完成 12 件制品	A 达标 /B 不达标	A 达标 /B 不达标	A 达标 /B 不达标
	6	完成任务效果	优秀：≥ 4A 合格：3A 不合格：< 3A	优秀：≥ 4A 合格：3A 不合格：< 3A	优秀：≥ 4A 合格：3A 不合格：< 3A

【任务拓展】

用同样的面团，选用不同的表皮，可以做出不同花样或不同口味的炸包，如咖喱鸡肉炸包、红豆炸包。

[例] 制作咖喱鸡肉炸包。

原料：炸包面剂 10 g，咖喱鸡肉馅 70 g，面包糠适量。

做法：

①将发酵好的炸包面剂压扁，排完气体。

②用无缝包法包入咖喱鸡肉馅成三角形，收紧口，稍压扁，沾少许水，裹上面包糠。

③发酵 30 ~ 50 分钟。

④油温 190 ℃，炸至表皮呈金黄色即可。

【任务反思】

完成该项任务，思考是否掌握以下技能：

①能够区分市场销售的面粉品种，独立采购符合制作油炸鸡腿面包的面粉。

②记录油炸鸡腿面包发酵的时间、温度、湿度和面团质量等技术指标。

③可以举一反三，独立制作两到三款不同表皮或点缀的面包圈。

如何判断油炸鸡腿面包的油温？多高的油温为最佳温度？

项目实训——油炸面包的制作

一、布置任务

1. 小组活动：根据油炸面包的制作方法，小组成员讨论、制作、创新一款有特色的油炸面包。提示：馅心及外形的变化。

2. 个人完成：实习报告册的撰写。

3. 小组完成：小组成员根据岗位的需求，分工完成品种的制作。

二、实训准备

1. 小组长完成原料单的填写。

2. 小组成员负责设施设备的检查和准备。

三、实训步骤

1. 小组长根据岗位的需求将任务细化，分配给小组成员。

2. 各小组成员在规定的时间内完成产品制作。

3. 各小组做好各项工作记录，填写评价表。

四、小组评价

1. 制作油炸面包应掌握哪些知识？

2. 制作一款合格的油炸面包应掌握哪些制作过程?
3. 产品送评，请老师和其他小组成员品尝及点评。

五、综合评价

综合评价包括制作评价和个人能力评价。主要项目如下：
1. 油炸面包评价。

油炸面包评价表

评价项目	序　号	评价要点	组内评价	小组互评	教师评价
油炸面包的制作	1	面团的软硬程度是否适度	A 达标 /B 不达标	A 达标 /B 不达标	A 达标 /B 不达标
	2	整体形态一致、造型美观	A 达标 /B 不达标	A 达标 /B 不达标	A 达标 /B 不达标
	3	口感酥、松、软、香	A 达标 /B 不达标	A 达标 /B 不达标	A 达标 /B 不达标
	4	外形适当点缀	A 达标 /B 不达标	A 达标 /B 不达标	A 达标 /B 不达标
	5	安全卫生	A 达标 /B 不达标	A 达标 /B 不达标	A 达标 /B 不达标
	6	120 分钟内完成成品制作	A 达标 /B 不达标	A 达标 /B 不达标	A 达标 /B 不达标
	7	完成任务效果	优秀：≥ 4A 合格：3A 不合格：＜ 3A	优秀：≥ 4A 合格：3A 不合格：＜ 3A	优秀：≥ 4A 合格：3A 不合格：＜ 3A

2. 个人能力评价。

个人能力评价表

内　容			评　价	
学习目标		评价项目	小组评价	教师评价
知识	应知	1. 基本原料的选择及使用	A. 优　B. 良 C. 一般	A. 优　B. 良 C. 一般
		2. 面团发酵原理	A. 优　B. 良 C. 一般	A. 优　B. 良 C. 一般
专业能力	应会	1. 熟悉油炸面包的制作流程及工艺	A. 优　B. 良 C. 一般	A. 优　B. 良 C. 一般
		2. 掌握油炸面包的制作技术要领	A. 优　B. 良 C. 一般	A. 优　B. 良 C. 一般
		3. 掌握烘焙技术	A. 优　B. 良 C. 一般	A. 优　B. 良 C. 一般
通用能力	团队组织、合作能力	合理分配细化任务	A. 优　B. 良 C. 一般	A. 优　B. 良 C. 一般

续表

内容			评价	
学习目标		评价项目	小组评价	教师评价
通用能力	沟通、协调能力	同学间的交流	A. 优　B. 良 C. 一般	A. 优　B. 良 C. 一般
	解决问题能力	突发事件的处理	A. 优　B. 良 C. 一般	A. 优　B. 良 C. 一般
	自我管理能力	卫生安全	A. 优　B. 良 C. 一般	A. 优　B. 良 C. 一般
	创新能力	品种变化	A. 优　B. 良 C. 一般	A. 优　B. 良 C. 一般
态度	爱岗敬业	态度认真	A. 优　B. 良 C. 一般	A. 优　B. 良 C. 一般
个人努力方向与建议				

饼房岗位实务

现代星级酒店西餐厨房中通常都设置有面包房、饼房和巧克力房等。饼房的工作主要是生产各种点心供客人享用，主要有冻点、海绵蛋糕、戚风蛋糕、艺术蛋糕、小西饼、泡芙、蛋挞、班戟、层酥等。

冻点是以糖、蛋、奶、乳制品、凝胶剂等为主要原料制作的一类需冷冻后食用的甜点总称，因种类繁多、口味独特、造型各异，又称冷冻类甜点。海绵蛋糕是以鸡蛋、白糖和面粉为主要原料，采用糖蛋搅拌法制作而成的，成品膨大、松软、形似海绵、富有弹性，所以被称作海绵蛋糕。戚风蛋糕在制作工艺上采用的是蛋清和蛋黄先分开搅拌，再混合在一起的方法，它最大的特点是组织较其他类蛋糕松软、水分充足、久存不干燥，口味不像其他蛋糕那样油腻和甜。艺术蛋糕在制作上充分体现出厨师的想象力和创造能力，让客人在小小的蛋糕装饰上感受美，它是传递情感、充分体现良好祝愿的载体，是厨师熟练技艺与创作完美结合的艺术作品。小西饼是一种香、酥、脆、松兼具的小甜点，具有名称多样、成型变化多样、成品装饰多样等特点。泡芙是以水或牛奶加黄油煮沸后烫制面粉，再加入鸡蛋，通过挤糊、烘烤、填馅等工艺而制成的一类点心，成品外表松脆、色泽金黄、有花纹、馅心多样、形状美观。蛋挞由外层的酥皮和里面的蛋糖心组成，具有外形小巧、金黄酥脆和馅心滑嫩香甜的特点。班戟是一种以面糊在烤盘或平底锅上烹饪制成的薄扁状饼。层酥制品具有面皮酥化、膨松多层、色泽金黄等特点，只要在配方、制作工艺、擀制方法、成型方法等方面稍做变化，就可衍生出众多品种。

项目 7

冻点的制作

冷冻类甜点是以糖、蛋、奶、乳制品、凝胶剂等为主要原料制作的一类需冷冻后食用的甜食总称。它的种类繁多、口味独特、造型各异，有布丁、慕斯、果冻等。

布丁、慕斯、果冻都属于冷冻甜品，它们由于在原料、制作工艺上有许多相同之处，因此在口感等方面的差别不是很明显。它们多作为午晚餐及下午茶点心、咖啡点心等，很受女性和小孩的欢迎。

任务1 焦糖布丁的制作

布丁也称作“布甸”，是以面粉、牛奶、鸡蛋等为原料，配以各种辅料，通过蒸、烤或蒸烤结合而制成的一类柔软、软滑的甜点。布丁的成熟种类有蒸制型、烘烤型、蒸烤制型；布丁的食用种类有热布丁、冷布丁。

【学习目标】

★熟悉焦糖布丁的制作工艺流程。

★掌握焦糖布丁搅拌投料顺序和搅拌程度。

★掌握焦糖布丁冷冻技术要领。

【任务描述】

焦糖布丁是烘烤型布丁的一种，以砂糖、鸡蛋为主要原料，通过烘烤冷藏而成，其外表可爱，口感细腻，是极受欢迎的一种甜品。

【任务分析】

7.1.1 制作要领分析

①焦糖布丁是一款烤制型冷布丁甜点，有着浓浓的奶香味，口感润滑，香甜可口。

②在熬制焦糖时一定要用小火，可以用小勺轻轻地把锅中央的砂糖推到锅周边，让砂糖可以均匀受热熔化。根据个人喜好，喜欢略苦的就熬至起小泡，喜欢甜的则把糖熬成褐色浆状即可。

③布丁液倒入模具后要吸取表面的细小泡沫，如果不吸取，烤出的布丁旁边一圈会有小孔眼。

④烘烤前模具表面覆盖锡纸，一是可以保持蛋面嫩滑，二是可以帮助加温，缩短烘烤时间。

7.1.2 制作过程分析

制作焦糖布丁一般需经过准备工作、称量原料、熬制焦糖、加热牛奶、搅打鸡蛋、混合原料、装模、烘烤和冷藏等步骤。具体操作方法与注意事项如下：

1）准备工作

①设备用具：台式搅拌机、烤炉、炉灶、铁锅、手勺、布丁模具、面盆、脱模刀、粉筛、温度计、冰箱、搅拌器、不锈钢面盆等。

②原料：鸡蛋、水、白糖、牛奶、香草粉等。

注意事项：工作前检查设备工具是否完好齐全，做好清洁卫生工作。所有工具必须消毒后才能使用。

2）制作过程

（1）称量原料

焦糖布丁原料及参考用量表

原料		烘焙百分比/%	参考用量/g	说明
焦糖布丁	鸡蛋	100	50	—
	水	50	25	以鸡蛋为基数计算
	白糖	100	50	
	牛奶	500	25	
	香草粉	0.5	2.5	

注意事项：在称量原料时一定要准确。

（2）熬制焦糖

操作方法：取25 g白糖放入锅内，小火熬至浆状，趁热倒入布丁模具底部，薄薄的一层即可。

 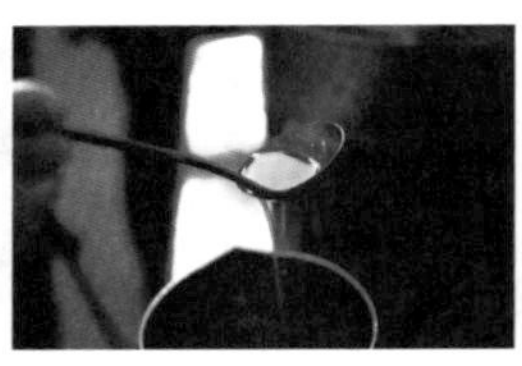 

注意事项：熬制焦糖时一定要用小火，可以用小勺轻轻地把锅中央的白糖推到锅周边，白糖可以均匀受热熔化。根据个人喜好，喜欢略苦的就熬至起小泡，喜欢甜的则把白糖熬成褐色浆状即可。

（3）加热牛奶

操作方法：将牛奶放入锅内用小火煮至将沸之前离火，冷却至温热（60 ℃左右）备用。

注意事项：注意牛奶煮开易外溢，造成烫伤。

（4）搅打鸡蛋

操作方法：将鸡蛋、白糖（25 g）和香草粉放入不锈钢盆中搅至糖化。

 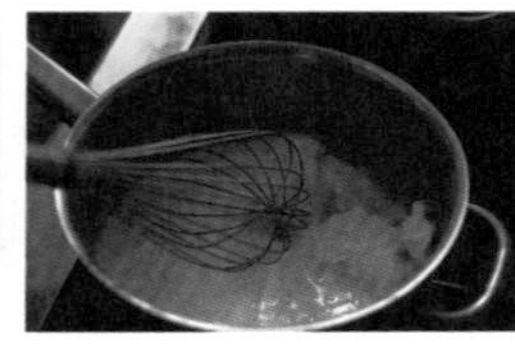 

注意事项：注意不要把鸡蛋打发。

（5）混合原料

操作方法：将温热的牛奶分次加入打散的鸡蛋液中，拌匀、过筛滤去奶皮和泡沫，即成布丁液。

注意事项：牛奶的温度一定要掌握好，过热易使鸡蛋液遇热凝结成块。

（6）装模

操作方法：取出布丁模，先将焦糖倒入杯底，再将过滤好的布丁液倒入布丁模中至模八成满，用干净的纸轻轻吸去鸡蛋液上的细小泡沫。

注意事项：布丁液倒入模具后要吸取表面的细小泡沫，避免烤好的成品旁边一圈有小孔眼。

（7）烘烤

操作方法：将布丁模表面盖上锡纸，边缘擦干净后放入盛有一半热水（约50 ℃）的烤

盘中，上火 180 ℃，下火 180 ℃，烘烤 30 分钟。

注意事项：烘烤前模具表面覆盖锡纸，一是可以保持蛋面嫩滑；二是可以帮助加温，缩短烘烤时间。

（8）冷藏

操作方法：将成熟的布丁放入冰箱冷藏 4 ~ 5 小时，脱模时用小勺顺着布丁的周围轻轻地压一圈，让布丁和模具脱离，再放入热水稍稍浸泡几分钟就好脱模了。

注意事项：脱模时要注意食品卫生，动作要轻，要保持成品的完整。

【任务考核】

学员以 6 人为一个小组合作完成焦糖布丁制作技能训练。参照制作过程、操作方法及注意事项进行练习，共同探讨焦糖布丁的制作并完成训练进度表。

训练内容	训练重点	时间记录	训练效果	改进措施
焦糖布丁的制作	准备工作			
	熬制焦糖			
	加热牛奶			
	搅打鸡蛋			
	混合原料			
	装模			
	烘烤			
	冷藏			

【任务评价】

以小组为单位，由组长组织，教师指导，按下表中的要求做出相应的组内评价和小组互评，通过讨论给出任务完成效果等级。

评价项目	序　号	评价要点	组内评价	小组互评	教师评价
焦糖布丁的制作	1	细腻、光滑、无颗粒，软硬度合适	A 达标 /B 不达标	A 达标 /B 不达标	A 达标 /B 不达标
	2	整体形态大小一致、造型美观	A 达标 /B 不达标	A 达标 /B 不达标	A 达标 /B 不达标
	3	口感松软细腻、奶香味浓郁	A 达标 /B 不达标	A 达标 /B 不达标	A 达标 /B 不达标
	4	定型完好，口感嫩滑，无异味，外形点缀适当	A 达标 /B 不达标	A 达标 /B 不达标	A 达标 /B 不达标
	5	120 分钟内完成成品制作	A 达标 /B 不达标	A 达标 /B 不达标	A 达标 /B 不达标
	6	完成任务效果	优秀：≥ 4A 合格：3A 不合格：< 3A	优秀：≥ 4A 合格：3A 不合格：< 3A	优秀：≥ 4A 合格：3A 不合格：< 3A

【任务拓展】

焦糖布丁通过辅料、模具形状的变化，可以变换出更多品种。

【任务反思】

完成该项任务，思考是否掌握以下技能：

①能够区分、独立采购符合制作焦糖布丁的原料。

②能记录制作焦糖布丁的技术指标。

③可以举一反三，独立制作两到三款口味、款式的布丁品种。

课后练习

1. 制作焦糖布丁时，除牛奶外还可以添加什么原料？

2. 在制作焦糖布丁的过程中，为什么不能趁热加入牛奶？

任务2　芒果慕斯蛋糕的制作

慕斯蛋糕的英文是 Mousse，又音译为木司蛋糕、模士蛋糕或摩士蛋糕，是一种奶冻式的甜点，可以直接吃或做蛋糕夹层。其通常是加入奶油与凝固剂来形成浓稠冻状的效果。慕斯蛋糕与布丁一样属于甜点的一种，其性质较布丁更柔软，入口即化。

特殊的制作工艺令慕斯蛋糕有别于普通的奶油蛋糕。10 ℃是它的最佳食用温度，再加

上丰富变化的口味，轻轻咬上一口，就像吃到了软滑香甜的冰激凌，品尝一口，回味无穷。相对于鲜奶蛋糕来说，慕斯蛋糕是低糖、低脂的甜点。

慕斯蛋糕是用明胶凝结乳酪及鲜奶油而成，不必烘烤即可食用，是现今高级蛋糕的代表。慕斯蛋糕夏季要低温冷藏，冬季无须冷藏，可保存 3 ～ 5 天。

【学习目标】

★掌握各式慕斯蛋糕的制作工艺流程。
★区分并选用制作慕斯蛋糕的常用原料。
★掌握慕斯蛋糕搅拌投料顺序和搅拌程度。
★掌握慕斯蛋糕的造型方法及制作方法。
★熟练并安全使用西饼房设备工具。

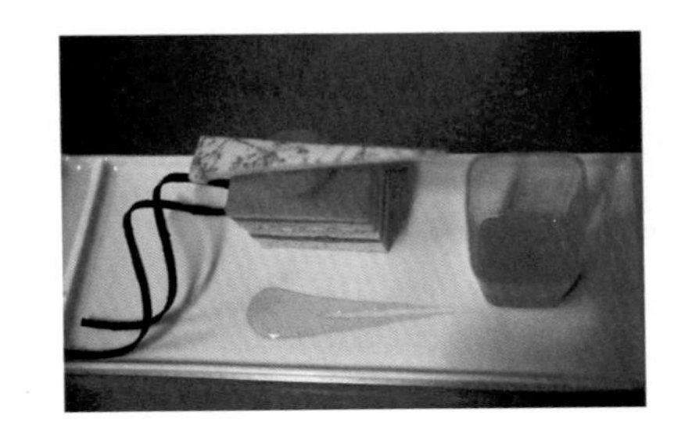

【任务描述】

芒果慕斯蛋糕是慕斯蛋糕的代表性制品。在慕斯蛋糕中加入新鲜芒果，口感更加纯正，馅料入口即化，回味无穷。

【任务分析】

7.2.1 制作原料分析

慕斯蛋糕种类很多，配料不同，其浆料调制方法各异，很难用一种方法概括，大致规律有：

①配方中有鱼胶片或鱼胶粉，则先将其用水泡软化，再隔水加热融化。

②有蛋黄、蛋清的，则将蛋黄、蛋清分别与糖搅打起发。

③配方中的液体原料则与糖一起煮开，略降温后加入打发的蛋黄中，并隔水加热搅拌浓稠，加入融化的明胶水搅拌均匀。

④配方中如有果泥、果汁类原料，则在液体原料冷却后加入。

⑤待浆料温度降至 20 ℃时，分别加入打发的蛋清糊、泡沫鲜奶油拌匀。

7.2.2 制作过程分析

制作芒果慕斯蛋糕一般需经过准备工作、称量原料、准备慕斯底、调制慕斯浆、成型与冷藏、装饰等步骤。具体操作方法与注意事项如下：

1）准备工作

①设备器具：台式搅拌机、烤炉、炉灶、铁锅、手勺、布丁模具、面盆、脱模刀、粉筛、温度计、冰箱、搅拌器、不锈钢面盆、冰箱、不锈钢盆、打蛋器、各式模具、量杯、勺子、滤网等。

②原料：戚风蛋糕薄坯、芒果果蓉、淡奶油、细糖、鱼胶片、鲜芒果、鲜奶油、巧克力等。

注意事项：工作前检查设备工具是否完好齐全，做好清洁卫生工作。所有工具必须消毒后才能使用。

2）制作过程

（1）称量原料

芒果慕斯蛋糕原料及参考用量表

原　料		烘焙百分比 /%	参考用量 /g	说　明
主料	戚风蛋糕薄坯	—	1个	—
	淡奶油	100	100	—
	芒果果蓉	400	400	以淡奶油为基数计算
	细糖	50	50	
	鱼胶片	15	15	
点缀原料	鲜芒果	适量	适量	
	巧克力	适量	适量	
	鲜奶油	适量	适量	

注意事项：在称量原料时一定要算准确。

（2）准备慕斯底

操作方法：取6寸慕斯圈，慕斯圈底部包好锡纸，放上戚风蛋糕薄片备用。鱼胶片用凉水泡软备用。

注意事项：鱼胶片一定要用凉水或冰水泡软。

（3）调制慕斯浆

操作方法：将芒果果蓉和细糖一起加热至糖融化。离火加入鱼胶片，搅拌至融化后凉至室温备用。淡奶油打至半发和芒果果蓉均匀地拌和在一起成为慕斯膏料。

注意事项：芒果果蓉和细糖加热可以采用隔水加热法，防止因火力太大，细糖产生美拉德反应，影响成品色泽。加热的芒果果蓉一定要待完全冷却后才能和淡奶油混合，否则和淡奶油混合时鱼胶片遇冷会提前凝结，影响口感。

（4）成型与冷藏

操作方法：将慕斯膏料倒入慕斯圈中，装至全满，轻敲去除空气后，放入冰箱冷藏备用。

注意事项：将慕斯膏料倒入模具后要完全去除空气，否则制品切出来时内部有孔洞，影响美观。

（5）装饰

操作方法：芒果慕斯蛋糕脱模后，用巧克力插片和水果装饰即可。

注意事项：装饰时要注意食品卫生。

【任务考核】

学员以6人为一个小组合作完成芒果慕斯蛋糕制作技能训练。参照制作过程、操作方法及注意事项进行练习，共同探讨芒果慕斯蛋糕的制作并完成训练进度表。

训练内容	训练重点	时间记录	训练效果	改进措施
芒果慕斯蛋糕的制作	准备工作			
	准备慕斯底			
	调制慕斯浆			
	成型与冷藏			
	装饰			
	安全卫生			

【任务评价】

以小组为单位，由组长组织，教师指导，按下表中的要求做出相应的组内评价和小组互评，通过讨论给出任务完成效果等级。

评价项目	序 号	评价要点	组内评价	小组互评	教师评价
芒果慕斯蛋糕的制作	1	慕斯浆的软硬程度是否适度	A 达标 /B 不达标	A 达标 /B 不达标	A 达标 /B 不达标
	2	整体形态一致、造型美观	A 达标 /B 不达标	A 达标 /B 不达标	A 达标 /B 不达标
	3	口感软滑、香甜	A 达标 /B 不达标	A 达标 /B 不达标	A 达标 /B 不达标
	4	外形点缀适当	A 达标 /B 不达标	A 达标 /B 不达标	A 达标 /B 不达标
	5	食品卫生	A 达标 /B 不达标	A 达标 /B 不达标	A 达标 /B 不达标
	6	80 分钟内完成成品制作	A 达标 /B 不达标	A 达标 /B 不达标	A 达标 /B 不达标
	7	完成任务效果	优秀：≥ 4A 合格：3A 不合格：＜ 3A	优秀：≥ 4A 合格：3A 不合格：＜ 3A	优秀：≥ 4A 合格：3A 不合格：＜ 3A

【任务拓展】

保持慕斯蛋糕的制作方法不变，通过原料的变化、造型的变化、点缀装饰的变化可制作出许多风味各异、形态美观的慕斯蛋糕品种。

[例] 香橙慕斯蛋糕。

①取 200 g 鲜橙果肉打成泥状，加入泡软的鱼胶片。

②将蛋清、鲜奶油拌入果泥中，调入适量蜂蜜。

③将慕斯膏料灌入玻璃杯中，冷藏两小时后至凝结，再挤上香橙果浆即可。

【任务反思】

完成该项任务，思考是否掌握以下技能：

①鱼胶片用凉水泡软备用，原理是什么？

②冷藏慕斯蛋糕最适宜的温度为多少度？食用慕斯蛋糕最适宜的温度为多少度？

1. 配方中的鱼胶片能否直接加入打发的鲜奶油中？
2. 慕斯蛋糕冷藏时间过长对成品会有什么影响？

项目实训——冻点的制作

一、布置任务

1. 小组活动：根据冻点的制作方法，依据本地的特色物产，小组成员讨论制作一款有特色的冻点。
2. 个人完成：实习报告册的撰写。
3. 小组完成：小组成员根据岗位的需求分工完成品种的制作。

二、实训准备

1. 小组长完成原料单的填写。
2. 后勤人员负责设施设备的检查和准备。

三、实训步骤

1. 小组长根据岗位的需求将任务细化，分配给小组成员。
2. 各小组成员在规定的时间内完成产品制作。
3. 各小组做好各项工作记录，填写评价表。

四、小组评价

1. 制作冻点应掌握哪些知识？
2. 制作一款合格的冻点应掌握哪些制作过程？
3. 制作冻点应掌握哪些技能要领？
4. 产品送评，请老师和其他小组成员品尝并点评。

五、综合评价

综合评价包括制作评价和个人能力评价。主要项目如下：

1. 冻点制作评价。

冻点制作评价表

评价项目	序　号	评价要点	组内评价	小组互评	教师评价
冻点的制作	1	面糊的软硬程度是否适度	A 达标 /B 不达标	A 达标 /B 不达标	A 达标 /B 不达标

续表

评价项目	序　号	评价要点	组内评价	小组互评	教师评价
冻点的制作	2	整体形态一致、造型美观	A 达标 /B 不达标	A 达标 /B 不达标	A 达标 /B 不达标
	3	口感软滑、香甜	A 达标 /B 不达标	A 达标 /B 不达标	A 达标 /B 不达标
	4	外形适当点缀	A 达标 /B 不达标	A 达标 /B 不达标	A 达标 /B 不达标
	5	安全卫生	A 达标 /B 不达标	A 达标 /B 不达标	A 达标 /B 不达标
	6	80 分钟内完成成品制作	A 达标 /B 不达标	A 达标 /B 不达标	A 达标 /B 不达标
	7	完成任务效果	优秀：≥ 4A 合格：3A 不合格：< 3A	优秀：≥ 4A 合格：3A 不合格：< 3A	优秀：≥ 4A 合格：3A 不合格：< 3A

2. 个人能力评价。

个人能力评价表

内　容			评　价	
学习目标		评价项目	小组评价	教师评价
知识	应知	1. 冻点的类型、成型方法	A. 优　B. 良 C. 一般	A. 优　B. 良 C. 一般
		2. 制作冻点原料的选用及处理	A. 优　B. 良 C. 一般	A. 优　B. 良 C. 一般
专业能力	应会	1. 熟悉冻点的制作流程及工艺	A. 优　B. 良 C. 一般	A. 优　B. 良 C. 一般
		2. 掌握冻点的制作技术要领	A. 优　B. 良 C. 一般	A. 优　B. 良 C. 一般
		3. 掌握冷冻技术	A. 优　B. 良 C. 一般	A. 优　B. 良 C. 一般
通用能力	团队组织、合作能力	合理分配细化任务	A. 优　B. 良 C. 一般	A. 优　B. 良 C. 一般
	沟通、协调能力	同学间的交流	A. 优　B. 良 C. 一般	A. 优　B. 良 C. 一般
	解决问题能力	突发事件的处理	A. 优　B. 良 C. 一般	A. 优　B. 良 C. 一般
	自我管理能力	卫生安全	A. 优　B. 良 C. 一般	A. 优　B. 良 C. 一般
	创新能力	品种变化	A. 优　B. 良 C. 一般	A. 优　B. 良 C. 一般
态度	爱岗敬业	态度认真	A. 优　B. 良 C. 一般	A. 优　B. 良 C. 一般
个人努力方向与建议				

项目 8

海绵蛋糕的制作

海绵蛋糕因其结构类似于海绵而得名，国外又称泡沫蛋糕，国内称为清蛋糕。海绵蛋糕一般不加油脂或加少量油脂，充分利用鸡蛋的发泡性形成糕体。与油脂蛋糕相比，海绵蛋糕具有更突出的、致密的气泡结构，质地松软而富有弹性。

任务1　香蕉核桃纸杯海绵蛋糕的制作

【学习目标】

★掌握香蕉核桃纸杯海绵蛋糕的制作方法、成型方法。
★区分并选用制作香蕉核桃纸杯海绵蛋糕的常用原料。
★熟练并安全使用西饼房设备工具。

海绵蛋糕是以鸡蛋、白糖和面粉为主要原料，采用糖蛋搅拌法制作而成。鸡蛋具有融合空气和膨胀的双重作用。再加上糖和面粉，调好的面糊无论是蒸还是烘烤都可以做出膨大松软的蛋糕。成品膨大、松软，形似海绵，因此被称为海绵蛋糕。制作过程中，加入香蕉、核桃仁，即可制成香蕉核桃海绵蛋糕。

【任务描述】

8.1.1　制作用料分析

①面粉：制作蛋糕应选用低筋面粉，面粉属干性而且是韧性原料，因此面粉用量比例越高，所形成的面糊也就越干，蛋糕膨大的幅度所受的限制作用也就越大，会使烤成的蛋糕体积减小，体积较干、较硬。配方中面粉用量比例越高，蛋糕的成分越低。

②鸡蛋：选用新鲜鸡蛋。在海绵蛋糕配方中，蛋的比例越高，蛋糕越松软，产品质量越好；反之，口感与风味较差。

③糖：糖的用量对打蛋效果和蛋糕体积有着直接影响。在打蛋过程中加入大量白糖，可以提高鸡蛋黏稠度，提高起泡稳定性，使之充入更多的气体。糖蛋比例为 1 ：1 时效果最佳。

8.1.2 制作过程分析

制作纸杯海绵蛋糕一般需经过准备工作、称量原料、搅打鸡蛋、面糊搅拌、灌模成型和烘烤成熟等步骤。具体操作方法与注意事项如下。

1）准备工作

①设备用具：多功能搅拌机、烤箱、烤盘、电子秤、模具、粉筛等。

②原料：低筋面粉、鸡蛋、三花淡牛奶、白糖、植物油、核桃仁、苏打粉、香蕉（去皮）。

注意事项：工作前检查设备工具是否完好齐全，做好清洁卫生工作。

2）制作过程

（1）称量原料

香蕉核桃纸杯海绵蛋糕原料及参考用量表

原　料		参考用量 /g
香蕉核桃纸杯海绵蛋糕	低筋面粉	340
	鸡蛋	200
	白糖	200
	三花淡牛奶	100
	植物油	80
	核桃仁	80
	苏打粉	7.5
	香蕉（去皮）	500

注意事项：在称量原料时一定要将比例算准确。

（2）搅打鸡蛋

制作过程：把鸡蛋、白糖、苏打粉放入搅拌机内，先慢速搅打 2 分钟，待白糖和鸡蛋混合均匀，再改用高速搅拌至糖蛋呈乳白色，体积达到原来体积的 3 倍左右，加入去皮香蕉。

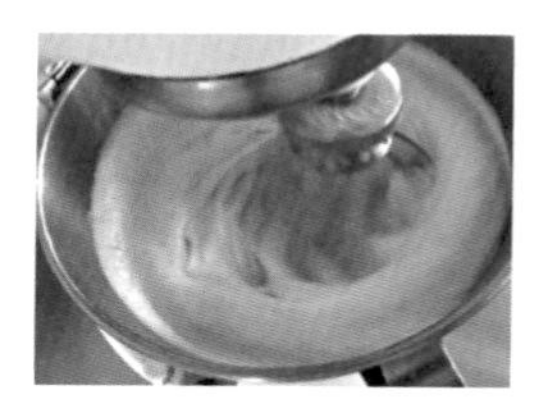  

注意事项：

①搅拌缸和盛鸡蛋的用具必须清洗干净不含油脂，以免影响鸡蛋的起泡。

②不可太过于搅拌鸡蛋，以免影响蛋糕组织。

（3）面糊搅拌

制作过程：将低筋面粉慢慢加入已打好的鸡蛋糖液中，慢速搅拌均匀后，分次加入三花淡牛奶，最后再分次加入植物油搅拌均匀即可。

注意事项：加入植物油后搅拌均匀即可，搅拌时间不可太长。

（4）灌模成型

制作过程：用裱花袋装入面糊挤入模具中，装 8 分满，撒上核桃仁即可。

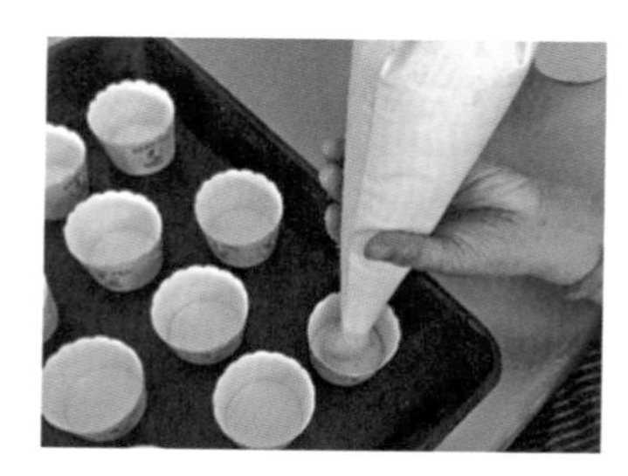

注意事项：装模时要注意用量且装入要均匀。

（5）烘烤成熟

制作过程：将生坯放入上火温度 170 ℃，下火温度 190 ℃的烤箱内烘烤，时间约为 30 分钟。烤至生坯表面金黄熟透即可。

注意事项：烘烤时间应依据制品的大小和厚薄来决定，同时可依据配方中白糖的含量进行调节。

【任务考核】

学员以 6 人为一个小组合作完成香蕉核桃纸杯海绵蛋糕制作技能训练。参照制作过程、操作方法以及注意事项进行练习，共同探讨香蕉核桃纸杯海绵蛋糕的制作并完成训练进度表。

训练内容	训练重点	时间记录	训练效果	改进措施
香蕉核桃纸杯海绵蛋糕的制作	准备工作			
	面糊调制			
	灌模成型			
	烘烤成熟			
	安全卫生			

【任务评价】

以小组为单位，由组长组织，教师指导，按下表中的要求做出相应的组内评价和小组互评，通过讨论给出任务完成效果等级。

评价项目	序　号	评价要点	组内评价	小组互评	教师评价
香蕉核桃纸杯海绵蛋糕的制作	1	面糊的软硬程度是否适度	A 达标 /B 不达标	A 达标 /B 不达标	A 达标 /B 不达标
	2	表面呈金黄色，内部呈乳黄色，色泽均匀一致	A 达标 /B 不达标	A 达标 /B 不达标	A 达标 /B 不达标
	3	口感不黏不干，轻微湿润，蛋味、甜味相对适中	A 达标 /B 不达标	A 达标 /B 不达标	A 达标 /B 不达标
	4	组织细密均匀，无大气孔，柔软而有弹性	A 达标 /B 不达标	A 达标 /B 不达标	A 达标 /B 不达标
	5	120 分钟内完成 12 件成品	A 达标 /B 不达标	A 达标 /B 不达标	A 达标 /B 不达标
	6	完成任务效果	优秀：≥ 4A 合格：3A 不合格：＜ 3A	优秀：≥ 4A 合格：3A 不合格：＜ 3A	优秀：≥ 4A 合格：3A 不合格：＜ 3A

【任务拓展】

想一想，用同样的制作方法，通过辅料的变化，选用不同成型，还可以做出什么不同花样或不同口味的海绵蛋糕。

【任务反思】

制作香蕉核桃纸杯海绵蛋糕时的注意事项：

①烘烤蛋糕时，烤箱必须提前预热至设定温度才能将坯料放进烤炉，否则烤出的蛋糕松

软度、弹性、体积将受到影响。

②搅打鸡蛋的工具必须洁净无油，如果有油脂性物质，鸡蛋液发泡将受很大影响，从而影响蛋糕的质量和口感。

③鸡蛋的起泡膨松主要依赖蛋清中的胚乳蛋白，而胚乳蛋白只有在高速搅打时，才能包裹大量的空气形成气泡，使蛋糕的体积增大膨松，故以高速搅打为宜。

④搅打鸡蛋与糖时宜用高速，这是胚乳蛋白的特性所需，然而加入脱脂淡牛奶或水时，需要的是结构细致而不是体积，故需减速。

⑤制作蛋糕一般使用低筋面粉。低筋面粉无筋力，制作出来的蛋糕特别松软，体积膨大，表面平整，而且口感软糯。若无低筋面粉，用普通面粉加淀粉配制代替也可。

⑥有的烤箱没有上下火调控，为了避免这一问题对产品外形、质量造成的影响，可在产品八成熟时，在制品表面覆盖一张铝箔纸或白纸，以防止产品上色过深，避免外焦里不熟等质量问题。

⑦制作蛋糕时加入牛奶主要是增加营养价值、香味和软湿度。因鸡蛋大小不一、鸡蛋壳厚薄不均，鸡蛋体积略有变化，糖本身的湿度也受季节、气候的影响，故加奶（水）量要酌情增加或减少。

⑧制作蛋糕拌粉有手拌和机拌两种，除蛋清蛋黄分打法外，一般用手拌为好，这样可以避免产生面粉颗粒，可以使结构细腻，其对气泡的稳定性也有好处。

⑨烘烤的温度取决于蛋糕内混合物的多少，混合物越多，温度越低，反之则高。时间越长，温度越低，反之则高。大蛋糕烘烤时间长，温度低，小蛋糕需温度高、时间短，此乃变化规律，当牢记。

⑩检验蛋糕是否熟透，可用手轻按蛋糕中心，能弹起则说明产品已熟透，也可用竹签插入中心 2 ~ 3 cm 拔出，竹签干净无黏附物则说明已熟透。

⑪蛋糕的软硬程度，取决于具体要求，牛奶加得越多，糕体越松软，反之则糕体越甘香，各有特点。

1. 制作香蕉核桃纸杯海绵蛋糕为什么要选用三花淡牛奶和植物油？

2. 灌模时为什么只放八成满？

任务2 蜂蜜海绵蛋糕的制作

【学习目标】

★掌握蜂蜜海绵蛋糕的制作方法、成型方法。

★运用同样的面团，添加不同辅助原料及变化成型方式，制作出不同口味或花样的海绵蛋糕。

★熟练并安全使用西饼房设备工具。

【任务分析】

在已了解海绵蛋糕制作原理的基础上，体验不同的辅助原料对蛋糕风味的改进，启发学员的探索乐趣。

【任务描述】

8.2.1 制作原料分析

①面粉：选用低筋面粉（蛋糕粉），其产品质地松软、口感好，如无低筋面粉，可在中筋粉中掺入适量的淀粉来降低面筋含量。

②鸡蛋：应选用新鲜鸡蛋，新鲜鸡蛋较为浓稠，发泡性好，使蛋糕体积大、口感好。

③糖：应选用颗粒较细的白糖。

④其他原料：近年来，制作海绵类蛋糕流行加入适当的植物油、甘油，可增加产品的滋润度，延长存货期。各类香精、颜色可变化出不同风味、类型的海绵蛋糕，此外，中低档蛋糕可加入少量泡打粉帮助蛋糕膨松。

8.2.2 制作过程分析

制作蜂蜜海绵蛋糕一般需经过准备工作、称量原料、搅打鸡蛋与搅拌面糊、装盘烘烤和冷却切件等步骤。

具体操作方法与注意事项如下：

1）准备工作

①设备用具：多功能搅拌机、烤箱、烤盘、秤、模具、粉筛等。

②原料：低筋面粉、鸡蛋、白糖、植物油、蛋糕油、蜂蜜、盐、水等。

注意事项：工作前检查设备工具是否完好齐全，做好清洁卫生工作。

2）制作过程

（1）称量原料

蜂蜜海绵蛋糕原料及参考用量表

原　料		烘焙百分比 /%	参考用量 /g	说　明
蜂蜜海绵蛋糕	鸡蛋	100	675	—
	低筋面粉	62	420	以鸡蛋为基数计算
	白糖	30	200	
	蜂蜜	20	135	
	植物油	15	100	
	水	20	135	
	蛋糕油	7	50	
	盐	1	7.5	

注意事项：在称量原料时一定要把比例算准确。

（2）搅打鸡蛋与搅拌面糊

操作方法：把鸡蛋白、白糖、盐放入搅拌机内，先用中速搅打 3 分钟，待白糖和鸡蛋混合均匀，白糖完全融化，加入蛋糕油拌匀，再加入低筋面粉改用高速搅拌至起发，慢速加入蜂蜜、水，最后加入植物油拌匀即成搅打好的面糊。

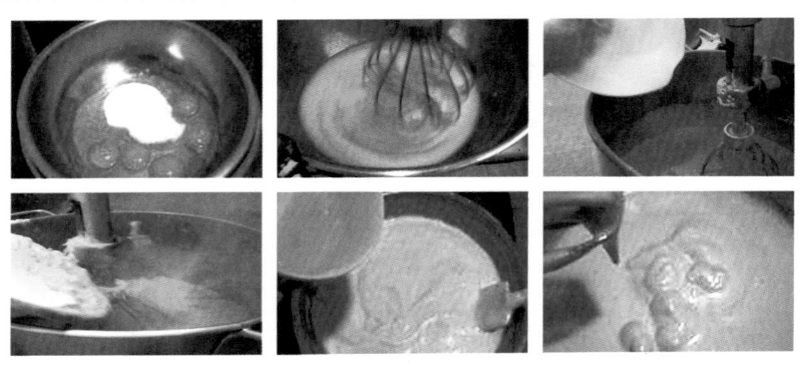

注意事项：

①搅拌缸和盛鸡蛋的用具必须干净不含油脂，以免影响鸡蛋的起泡。

②不能过度搅拌鸡蛋，以免影响蛋糕组织，但也不能搅拌不足。

（3）装盘烘烤

操作方法：将搅打好的面糊倒入事先准备好的烤盘中，用刮片刮平即可放入烤炉中烘烤。炉温上火 200 ℃，下火 160 ℃，烘烤约 45 分钟熟透即可。

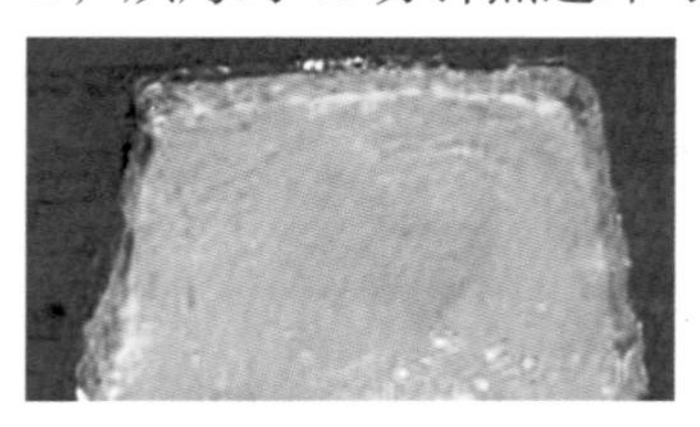

注意事项：烤盘可刷一层薄油，也可用高温油布。烘烤时间应依据制品的大小和厚薄来决定，待表面上色后，将温度调整为上火 160 ℃，下火 130 ℃。

（4）冷却切件

操作方法：蛋糕出炉冷却后，即用蛋糕刀切割成长 7 cm、宽 5 cm 大小的长方形即可。

注意事项：蛋糕出炉后应趁热将表面向下翻转过来，放在散热网上冷却，任何延迟都会导致蛋糕体积缩小。

【任务考核】

学员以 3 人为一个小组合作完成蜂蜜海绵蛋糕制作技能训练。参照制作过程、操作方法

及注意事项进行练习，共同探讨蜂蜜海绵蛋糕的制作并完成训练进度表。

训练内容	训练重点	时间记录	训练效果	改进措施
蜂蜜海绵蛋糕的制作	准备工作			
	面糊调制			
	切件成型			
	烘烤成熟			
	安全卫生			

【任务评价】

以小组为单位，由组长组织，教师指导，按下表中的要求做出相应的组内评价和小组互评，通过讨论给出任务完成效果等级。

评价项目	序　号	评价要点	组内评价	小组互评	教师评价
蜂蜜海绵蛋糕的制作	1	面糊的软硬度是否适度	A 达标 /B 不达标	A 达标 /B 不达标	A 达标 /B 不达标
	2	表面呈金黄色，内部呈乳黄色，色泽均匀一致	A 达标 /B 不达标	A 达标 /B 不达标	A 达标 /B 不达标
	3	口感不黏不干，轻微湿润，蛋味、甜味相对适中	A 达标 /B 不达标	A 达标 /B 不达标	A 达标 /B 不达标
	4	组织细密均匀，无大气孔，柔软而有弹性	A 达标 /B 不达标	A 达标 /B 不达标	A 达标 /B 不达标
	5	120 分钟内完成 12 件成品	A 达标 /B 不达标	A 达标 /B 不达标	A 达标 /B 不达标
	6	完成任务效果	优秀：≥ 4A 合格：3A 不合格：＜ 3A	优秀：≥ 4A 合格：3A 不合格：＜ 3A	优秀：≥ 4A 合格：3A 不合格：＜ 3A

【任务拓展】

加 1 茶匙柠檬精和 1 汤匙抹茶粉，可以增加蛋糕的香味及色泽。如果蜂蜜有结晶，建议把鸡蛋液过滤，口感会顺滑一些。所谓蛋清硬性起泡，是指如果在鸡蛋液表面划十字，留下的痕迹很久都不会消失。

【任务反思】

海绵蛋糕的质量与分析。

①质地紧缩或粗糙：面粉面筋含量太高；搅打不足；面粉量多；混入面粉、油脂时，搅

打时间长、速度快破坏了泡沫结构。

②表皮太厚、质地发干：面筋含量高；炉温低；搅打不足；面粉量多；烘烤时间太长。

③表面下陷或皱缩：搅打过度；鸡蛋液或液体原料太多；白糖太多；烘烤不足。

④表面不平：面粉质量差；面粉未混匀；搅打不足；浆料没抹平；炉温不均匀。

⑤产品松散不成型：白糖太多；泡打粉量多；蛋糕油量多。

1. 尝试制作不同口感的海绵蛋糕，想一想还可以添加什么辅料。

2. 蛋泡面团加面粉时需注意哪些事项？

项目实训——海绵蛋糕的制作

一、布置任务

1. 小组活动：根据海绵蛋糕的制作方法，依据本地的特色物产，小组成员讨论制作一款有特色的海绵蛋糕。

2. 个人完成：实习报告册的撰写。

3. 小组完成：小组成员根据岗位的需求分工完成品种的制作。

二、实训准备

1. 小组长完成原料单的填写。

2. 后勤人员负责设施设备的检查和准备。

三、实训步骤

1. 小组长根据岗位的需求将任务细化，分配给小组成员。

2. 各小组成员在规定的时间内完成产品制作。

3. 各小组做好各项工作记录，填写评价表。

四、小组评价

1. 制作海绵蛋糕应掌握哪些知识？

2. 制作一款合格的海绵蛋糕应掌握哪些制作过程？

3. 制作海绵蛋糕应掌握哪些技能要领？

4. 产品送评，请老师和其他小组成员品尝及点评。

五、综合评价

综合评价包括制作评价和个人能力评价。主要项目如下：

1. 海绵蛋糕制作评价。

海绵蛋糕制作评价表

评价项目	序　号	评价要点	组内评价	小组互评	教师评价
海绵蛋糕的制作	1	面糊的软硬度是否适度	A 达标 /B 不达标	A 达标 /B 不达标	A 达标 /B 不达标
	2	表面呈金黄色，内部呈乳黄色，色泽均匀一致	A 达标 /B 不达标	A 达标 /B 不达标	A 达标 /B 不达标
	3	口感不黏不干，轻微湿润，蛋味、甜味相对适中	A 达标 /B 不达标	A 达标 /B 不达标	A 达标 /B 不达标
	4	组织细密均匀，无大气孔，柔软而有弹性	A 达标 /B 不达标	A 达标 /B 不达标	A 达标 /B 不达标
	5	120 分钟内完成 12 件成品	A 达标 /B 不达标	A 达标 /B 不达标	A 达标 /B 不达标
	6	完成任务效果	优秀：≥ 4A 合格：3A 不合格：＜ 3A	优秀：≥ 4A 合格：3A 不合格：＜ 3A	优秀：≥ 4A 合格：3A 不合格：＜ 3A

2. 个人能力评价。

个人能力评价表

内　容			评　价	
学习目标		评价项目	小组评价	教师评价
知识	应知	1. 海绵蛋糕的类型、成型方法	A. 优　B. 良 C. 一般	A. 优　B. 良 C. 一般
		2. 制作海绵蛋糕原料的选用及处理	A. 优　B. 良 C. 一般	A. 优　B. 良 C. 一般
专业能力	应会	1. 熟悉海绵蛋糕的制作流程及工艺	A. 优　B. 良 C. 一般	A. 优　B. 良 C. 一般
		2. 掌握海绵蛋糕的制作技术要领	A. 优　B. 良 C. 一般	A. 优　B. 良 C. 一般
		3. 掌握烘焙技术	A. 优　B. 良 C. 一般	A. 优　B. 良 C. 一般
通用能力	团队组织、合作能力	合理分配细化任务	A. 优　B. 良 C. 一般	A. 优　B. 良 C. 一般
	沟通、协调能力	同学间的交流	A. 优　B. 良 C. 一般	A. 优　B. 良 C. 一般
	解决问题能力	突发事件的处理	A. 优　B. 良 C. 一般	A. 优　B. 良 C. 一般

续表

内容			评价	
学习目标		评价项目	小组评价	教师评价
通用能力	自我管理能力	卫生安全	A. 优 B. 良 C. 一般	A. 优 B. 良 C. 一般
	创新能力	品种变化	A. 优 B. 良 C. 一般	A. 优 B. 良 C. 一般
态度	爱岗敬业	态度认真	A. 优 B. 良 C. 一般	A. 优 B. 良 C. 一般
个人努力方向与建议				

项目 9

戚风蛋糕的制作

戚风蛋糕是有着细腻柔软如丝绸口感的蛋糕。第一个制作戚风蛋糕的是美国人哈利·贝卡，他将他的发明保密了整整20年！直至1947年，戚风蛋糕的做法才被公开，这柔如丝绸、轻如羽毛的蛋糕，从此便风靡欧美。并于1960年之后征服欧洲人的味蕾，席卷亚洲。

任务1 戚风蛋糕的制作

【学习目标】

★掌握戚风蛋糕制作方法、成型方法。

★区分并选用戚风蛋糕制作的常用原料。

★运用同样的面团，通过馅心、表皮和成型方法的变化，制作出不同口味或花样的戚风蛋糕。

★熟练并安全使用西饼房设备工具。

【任务描述】

戚风蛋糕的搅拌方法采用的是分蛋法，即蛋清和蛋黄分开搅拌，再混合在一起。戚风蛋糕最大的特点是组织松软，水分充足，久存而不宜干燥，尤其是气味芬芳，口味清淡，不像其他蛋糕那样油腻、过甜。戚风蛋糕在低温环境中存放不会变硬而失去原有的新鲜度，因其本身水分含量较多，而组织较其他类蛋糕更松软，在冰箱内冷藏不至于变质，所以戚风蛋糕最适合用于制作冷藏类蛋糕。

【任务分析】

9.1.1 制作原料分析

①制作戚风蛋糕要选用低筋面粉，若没有低筋面粉可用等量的玉米粉代替。

②制作戚风蛋糕一定要使用无味的植物油，不能使用花生油、橄榄油这类味重的油，否则油脂的特殊味道会破坏戚风蛋糕清淡的口感。制作戚风蛋糕也不能使用黄油，因为只有植物油才能衬托出戚风蛋糕柔润的质地。

③鸡蛋由蛋清和蛋黄两部分组成，蛋清是黏稠性胶体，具有起泡性。蛋黄本身没有发泡作用，但其中的卵磷脂、脑磷脂是良好的乳化剂。制作蛋糕需控制好鸡蛋的温度。新鲜的蛋清在 17 ~ 22 ℃的情况下黏性最佳，起泡性最好，如果温度过高，蛋清的黏性会减弱，则无法保留打入的空气。在炎热的夏天，鸡蛋最好放冰箱冷藏 1 ~ 2 小时再用。

④塔塔粉在蛋清中所起的作用是增强食品中的酸味，延缓蛋清老化，提高蛋清的可塑性和发泡性。

9.1.2 制作要领分析

①蛋清、蛋黄一定要分干净，这是制作高品质戚风蛋糕的前提。

②蛋黄糊和蛋清混合时的搅拌，是制作戚风蛋糕的关键。很多初学者对搅拌蛋糊有恐惧心理，非常害怕蛋清消泡，以致搅拌时候过于小心翼翼。这样不但会延长搅拌时间，而且不容易搅拌均匀。正确做法应该是：大胆地大幅度搅拌，采用翻拌的手法，不要画圈搅拌，搅拌力度适中即可。

③检测戚风蛋糕是否烤熟的方法有两种：一是手按蛋糕是否有沙沙声；二是用牙签插入蛋糕牙签上是否有残留物。合理控制烘烤时间，上火温度在 180 ~ 190 ℃，下火温度在 140 ~ 150 ℃，时间为 35 分钟。如果烘烤时间太长，蛋糕内水分挥发过多，口感会偏干。

④注意，戚风蛋糕烘烤时候不能使用防粘的蛋糕模，也不能在模具周围涂油，因为戚风需要依靠模壁的附着力而起发，否则会起发不好。

9.1.3 制作过程分析

制作戚风蛋糕一般需经过准备工作、称量原料、调制蛋黄糊、调制蛋清糊、混合蛋清蛋黄糊和烘烤成熟等步骤。具体操作方法与注意事项如下：

1）准备工作

①设备器具：远红外线电烤炉、烤盘、多功能搅拌机、粉筛、蛋抽、不锈钢盆、量杯、水等。

②原料：低筋面粉、蛋黄、蛋清、植物油、白糖、玉米淀粉、泡打粉、塔塔粉、盐、水等。

注意事项：工作前检查设备工具是否完好齐全，做好清洁卫生工作。

2）制作过程

（1）称量原料

威风蛋糕胚原料及参考用量表

原　料		烘焙百分比 /%	参考用量 /g	说　明
戚风蛋糕坯	1. 蛋黄糊			
	低筋面粉	100	400	—
	植物油	50	200	以低筋面粉为基数计算
	白糖	37	150	
	玉米淀粉	12.5	50	
	水	50	200	
	泡打粉	2.5	10	
	蛋黄	113	450	
	2. 蛋清糊			
	蛋清	287	1150	
	塔塔粉	2	10	
	白糖	35	150	
	盐	1	4	

注意事项：在称量原料时一定要把比例算准确；面粉必须过筛，除去颗粒及杂质。蛋清、蛋黄一定要分干净，可使用分蛋器。

（2）调制蛋黄糊

操作方法：

①将水、植物油、白糖混合搅至白糖完全溶解。

②加入已过筛的低筋面粉、玉米淀粉、泡打粉搅匀。

③最后加入蛋黄后搅拌至面糊光滑细腻。

注意事项：搅拌蛋黄面糊时，动作要快，要最后加入蛋黄，尽量避免面糊起筋，影响制品口感。

（3）调制蛋清糊

操作方法：

①蛋清、塔塔粉、盐搅拌至湿性发泡。

②加入白糖，中速搅拌至白糖溶解，再用高速搅拌至干性起发。

③最后用慢速搅拌 1 分钟，挑起打发好的蛋清呈鸡尾状即可。

注意事项：控制好蛋糊的搅打程度。湿性发泡时方可加入白糖，继续搅打至干性起发即可。

（4）混合蛋清蛋黄糊

操作方法：

①取 1/3 的蛋清和蛋黄糊混合均匀。

②将剩余的蛋清加入搅拌。

③将面糊倒入模具内刮平。

注意事项：搅打好的蛋糊应马上入模，在模具侧面不要涂抹油脂。

（5）烘烤成熟

操作方法：入炉，上火 190 ℃，下火 170 ℃，烘烤约 45 分钟。出炉后用凉网倒出冷却。

注意事项：蛋糕出炉后必须及时倒置，否则容易收缩。

【任务考核】

学员以 6 人为一个小组合作完成戚风蛋糕制作技能训练。参照制作过程、操作方法及注意事项进行练习，共同探讨戚风蛋糕的制作并完成训练进度表。

训练内容	训练重点	时间记录	训练效果	改进措施
戚风蛋糕的制作	准备工作			
	混合面糊调制			
	装模			
	蛋清搅打			
	蛋黄糊调制			
	烘烤成熟			
	成型			
	安全卫生			

【任务评价】

以小组为单位，由组长组织，教师指导，按下表中的要求做出相应的组内评价和小组互评，通过讨论给出任务完成效果等级。

评价项目	序 号	评价要点	组内评价	小组互评	教师评价
戚风蛋糕的制作	1	面糊的软硬程度是否适度	A 达标 /B 不达标	A 达标 /B 不达标	A 达标 /B 不达标
	2	整体形态一致、造型美观	A 达标 /B 不达标	A 达标 /B 不达标	A 达标 /B 不达标
	3	口感松、软、香	A 达标 /B 不达标	A 达标 /B 不达标	A 达标 /B 不达标
	4	外形适当点缀	A 达标 /B 不达标	A 达标 /B 不达标	A 达标 /B 不达标
	5	食品卫生	A 达标 /B 不达标	A 达标 /B 不达标	A 达标 /B 不达标
	6	60 分钟内完成成品制作	A 达标 /B 不达标	A 达标 /B 不达标	A 达标 /B 不达标
	7	完成任务效果	优秀：≥ 4A 合格：3A 不合格：< 3A	优秀：≥ 4A 合格：3A 不合格：< 3A	优秀：≥ 4A 合格：3A 不合格：< 3A

【任务拓展】

想一想，用同样的制作方法，通过辅料的变化，选用不同成型，还可以做出什么不同花样或不同口味的戚风蛋糕。

【任务反思】

完成该项任务，思考是否掌握以下技能：

①制作戚风蛋糕是利用蛋清的什么特性来使蛋糕达到疏松的？

②在烘烤过程中，中途能打开烤箱吗？

1. 戚风蛋糕使用的是什么成型方法？

2. 如何鉴别蛋清的打发程度？

任务2 戚风蛋卷的制作

【学习目标】

★掌握戚风蛋卷的制作方法、成型方法。

★区分并选用戚风蛋卷制作的常用原料。

★运用同样的面团，通过馅心、表皮和成型方法的变化，制作出不同口味或花样的戚风蛋卷。

★熟练并安全使用西饼房设备工具。

【任务描述】

戚风蛋卷制作主要分为两类：一类是以戚风蛋糕为基础，抹上奶油或果酱等卷制而成，如毛巾卷、彩云卷等；另一类是在卷好的蛋糕上包裹其他面团或蛋糕皮复合制成，如虎皮蛋卷、寿司蛋卷和酥皮蛋卷等。

【任务分析】

9.2.1 制作要领分析

①盛蛋清的容器和搅拌缸等必须干净（无水、油及刺激性物质），否则会影响蛋清的打发。

②面糊的制作稀稠度要适宜，太稀或太稠都不能制成高品质蛋糕，因此，设计配方时应该注意其中的干性材料和湿性材料的比例平衡。如果蛋黄糊太稠可适量增加水、牛奶、油的用量，或者以全蛋代替蛋黄来调节稠度，若面糊太稀可适量增加面粉进行调节。

③蛋清跟蛋黄分开搅拌也是戚风蛋糕比普通海绵蛋糕品质好的主要原因。先将蛋清搅拌至湿性发泡后，加入塔塔粉、盐、白糖；中速搅拌 1 分钟再改快速打至起发呈鸡尾状，最

后再用慢速搅拌 1 分钟，排出多余的空气，使蛋清泡沫更为细腻光滑。而蛋黄部分则是先将水、油、白糖搅拌至糖溶化后再白加入面粉拌匀，最后加入蛋黄，搅拌成光滑均匀的面糊后即可与蛋清糊进入混合的过程。

9.2.2 制作过程分析

制作戚风蛋卷一般需经过准备工作、称量原料、调制蛋黄糊、调制蛋清糊、混合蛋白蛋黄糊、熟制和卷制成型等步骤。

具体操作方法与注意事项如下：

1）准备工作

①准备器具：

设备用具：远红外线电烤炉、烤盘、台式多功能搅拌机、粉筛、小号不锈钢碗、油刷、量杯、电子秤、耐高温纸、竹签等。

②准备原料：低筋面粉、白糖、蛋黄、蛋清、液态酥油、盐、泡打粉、塔塔粉、玉米淀粉、水、果酱等。

注意事项：工作前检查设备工具是否完好齐全，做好清洁卫生工作。

2）制作过程

（1）称量原料

戚风蛋糕卷原料及参考用量表

<table>
<tr><th colspan="2">原　料</th><th>烘焙百分比 /%</th><th>参考用量 /g</th><th>说　明</th></tr>
<tr><td rowspan="14">戚风蛋卷</td><td colspan="3">1. 蛋黄部分</td><td></td></tr>
<tr><td>低筋面粉</td><td>100</td><td>200</td><td>—</td></tr>
<tr><td>液态酥油</td><td>80</td><td>160</td><td rowspan="13">以低筋面粉为基数计算</td></tr>
<tr><td>白糖</td><td>50</td><td>100</td></tr>
<tr><td>玉米淀粉</td><td>25</td><td>50</td></tr>
<tr><td>水</td><td>80</td><td>160</td></tr>
<tr><td>泡打粉</td><td>4</td><td>8</td></tr>
<tr><td>蛋黄</td><td>113</td><td>225</td></tr>
<tr><td colspan="3">2. 蛋清部分</td></tr>
<tr><td>蛋清</td><td>287</td><td>575</td></tr>
<tr><td>塔塔粉</td><td>5</td><td>10</td></tr>
<tr><td>白糖</td><td>100</td><td>200</td></tr>
<tr><td>盐</td><td>2</td><td>4</td></tr>
<tr><td>辅助原料</td><td>果酱</td><td>—</td><td>100</td></tr>
</table>

注意事项：在称量原料时一定要将比例算准确，面粉过筛待用。

（2）调制蛋黄糊

操作方法：

①将水、液态酥油、白糖混合搅至白糖完全溶解。

②加入已过筛的低筋面粉、玉米淀粉、泡打粉搅匀。

③最后加入蛋黄后搅拌至面糊光滑细腻。

注意事项：搅拌蛋黄面糊时，动作要快，蛋黄要最后加入，尽量避免面糊起筋，影响制品口感。

（3）调制蛋清糊

操作方法：

①把蛋清、塔塔粉、盐搅拌至湿性发泡。

②加入白糖，中速搅拌至白糖溶解，再用高速搅拌至干性起发。

③最后用慢速搅拌 1 分钟，挑起打发好的蛋清呈鸡尾状即可。

注意事项：控制好蛋糊的搅打程度。湿性发泡时方可加入白糖，继续搅打至干性起发即可。

（4）混合蛋清蛋黄糊

操作方法：

①取 1/3 蛋清和蛋黄糊混合均匀。

②然后将剩余的蛋清加入搅拌。

注意事项：搅拌面糊时间不宜过长，蛋清消泡后会导致蛋糕组织粗糙，面糊拌匀即可。

（5）熟制

操作方法：将调好的面糊倒入事先准备好的烤盘内抹平即可放入烤炉里烘烤，炉温上火 190 ℃，下火 170 ℃，烘烤约 25 分钟至熟透。出炉反扣在凉网上冷却。

注意事项：蛋糕出炉后必须及时倒置，否则容易导致收缩。

（6）卷制成型

操作方法：将冷却后的蛋糕坯均匀地分成三等份，抹上果酱卷起，根据规格切件即可。

注意事项：果酱不能抹得过多，抹均匀即可，卷时两手用力要均匀，一定要卷紧、卷实。

【任务考核】

学员以 6 人为一个小组合作完成蜂蜜海绵蛋糕制作技能训练。参照制作过程、操作方法及注意事项进行练习，共同探讨蜂蜜海绵蛋糕的制作并完成训练进度表。

训练内容	训练重点	时间记录	训练效果	改进措施
戚风蛋卷的制作	准备工作			
	面糊调制			
	装模			
	烘烤成熟			
	成型			
	安全卫生			

【任务评价】

以小组为单位，由组长组织，教师指导，按下表中的要求做出相应的组内评价和小组互评，通过讨论给出任务完成效果等级。

评价项目	序　号	评价要点	组内评价	小组互评	教师评价
戚风蛋卷的制作	1	面糊的软硬程度是否适度	A 达标 /B 不达标	A 达标 /B 不达标	A 达标 /B 不达标
	2	整体形态一致、造型美观	A 达标 /B 不达标	A 达标 /B 不达标	A 达标 /B 不达标
	3	口感松、软、香	A 达标 /B 不达标	A 达标 /B 不达标	A 达标 /B 不达标
	4	外形适当点缀	A 达标 /B 不达标	A 达标 /B 不达标	A 达标 /B 不达标
	5	食品卫生	A 达标 /B 不达标	A 达标 /B 不达标	A 达标 /B 不达标
	6	80 分钟内完成成品制作	A 达标 /B 不达标	A 达标 /B 不达标	A 达标 /B 不达标
	7	完成任务效果	优秀：≥ 4A 合格：3A 不合格：＜ 3A	优秀：≥ 4A 合格：3A 不合格：＜ 3A	优秀：≥ 4A 合格：3A 不合格：＜ 3A

【任务拓展】

想一想，用同样的制作方法，添加不同的辅料，选用不同成型，还可以做出什么不同花样或不同口味的戚风蛋卷。

[例] 制作毛巾蛋糕、木纹蛋卷。

【任务反思】

制作戚风蛋糕易出现的问题：

①塌陷或收缩。即戚风蛋糕出炉后，经冷却表面出现塌陷或收缩。上述问题的原因很多，如泡打粉或疏松剂用量太多，或液体材料过多，面粉用量太少，或面筋太弱（强），或白糖太多；此外蛋清搅打时间不够或太长，白糖颗粒太粗，白糖未完全溶解。烘烤时间太短，炉温过低或烘烤初期频繁移动烤盘也会造成蛋糕塌陷或收缩。

②蛋糕心潮湿、发黏。配方中的白糖或液体用量过多或面粉过少或烘烤温度过高，均会引起蛋糕潮湿、发黏。

1. 制作一款品质合格的蛋卷在制作中需要注意哪些环节？
2. 蛋卷使用的是什么成型方法？
3. 蛋清在搅打中越打越稀，解释原因。

项目实训——戚风蛋糕的制作

一、布置任务

1. 小组活动：根据戚风蛋糕的制作方法，小组成员讨论制作一款有特色的戚风蛋糕。
2. 个人完成：实习报告册的撰写。
3. 小组完成：小组成员根据岗位的需求分工完成品种的制作。

二、实训准备

1. 小组长完成原料单的填写。
2. 小组成员负责设施设备的检查和准备。

三、实训步骤

1. 小组长根据岗位的需求将任务细化，分配给小组成员。
2. 各小组成员在规定的时间内完成产品制作。
3. 各小组做好各项工作记录，填写评价表。

四、小组评价

1. 制作戚风蛋糕应掌握哪些知识？
2. 制作一款合格的戚风蛋糕应注意哪些关键问题？
3. 制作戚风蛋糕应掌握的技能要领有哪些？
4. 产品送评，请老师和其他小组成员品尝及点评。

五、综合评价

综合评价包括制作评价和个人能力评价。主要项目如下：

1. 戚风蛋糕制作评价。

戚风蛋糕制作评价表

评价项目	序　号	评价要点	组内评价	小组互评	教师评价
戚风蛋糕的制作	1	面糊的软硬程度是否适度	A 达标 /B 不达标	A 达标 /B 不达标	A 达标 /B 不达标
	2	整体形态一致、造型美观	A 达标 /B 不达标	A 达标 /B 不达标	A 达标 /B 不达标
	3	口感酥、松、软、香	A 达标 /B 不达标	A 达标 /B 不达标	A 达标 /B 不达标
	4	外形适当点缀	A 达标 /B 不达标	A 达标 /B 不达标	A 达标 /B 不达标
	5	装盘卫生	A 达标 /B 不达标	A 达标 /B 不达标	A 达标 /B 不达标

续表

评价项目	序　号	评价要点	组内评价	小组互评	教师评价
戚风蛋糕的制作	6	80 分钟内完成成品制作	A 达标 /B 不达标	A 达标 /B 不达标	A 达标 /B 不达标
	7	完成任务效果	优秀：≥ 4A 合格：3A 不合格：＜ 3A	优秀：≥ 4A 合格：3A 不合格：＜ 3A	优秀：≥ 4A 合格：3A 不合格：＜ 3A

2. 个人能力评价。

个人能力评价表

内　容			评　价	
学习目标		评价项目	小组评价	教师评价
知识	应知	1. 戚风蛋糕的类型、成型方法	A. 优　B. 良 C. 一般	A. 优　B. 良 C. 一般
		2. 制作戚风蛋糕原料的选用及处理	A. 优　B. 良 C. 一般	A. 优　B. 良 C. 一般
专业能力	应会	1. 熟悉戚风蛋糕的制作流程及工艺	A. 优　B. 良 C. 一般	A. 优　B. 良 C. 一般
		2. 掌握戚风蛋糕的制作技术要领	A. 优　B. 良 C. 一般	A. 优　B. 良 C. 一般
		3. 掌握烘焙技术	A. 优　B. 良 C. 一般	A. 优　B. 良 C. 一般
通用能力	团队组织、合作能力	合理分配细化任务	A. 优　B. 良 C. 一般	A. 优　B. 良 C. 一般
	沟通、协调能力	同学间的交流	A. 优　B. 良 C. 一般	A. 优　B. 良 C. 一般
	解决问题能力	突发事件的处理	A. 优　B. 良 C. 一般	A. 优　B. 良 C. 一般
	自我管理能力	卫生安全	A. 优　B. 良 C. 一般	A. 优　B. 良 C. 一般
	创新能力	品种变化	A. 优　B. 良 C. 一般	A. 优　B. 良 C. 一般
态度	爱岗敬业	态度认真	A. 优　B. 良 C. 一般	A. 优　B. 良 C. 一般
个人努力方向与建议				

重油蛋糕的制作

重油蛋糕所使用的原料成分很高，成本较其他的蛋糕较高。最能影响重油蛋糕品质的是油脂的品质及搅拌的方法。

传统的重油蛋糕采用面粉油脂拌和法搅拌，因为该方法是把配方中所有的面粉和油脂先放在搅拌缸内中速搅拌，使面粉的每个细小颗粒均匀吸取油脂，在之后的步骤中面粉遇到液体原料时不再出筋，这样制作出的蛋糕较为松软，而且颗粒幼细，韧性较低。

中成分配方可酌情采用面粉油脂拌和法或糖油拌和法，因为中成分配方使用的膨大原料较少，为了增加面糊膨大的气体，采用糖油拌和法效果更佳，但糖油拌和法因最后添加面粉时遇到面糊中的液体原料容易产生韧性，而且糖油在第一步骤搅拌时拌入空气较多，会使烤出的蛋糕组织气孔较多。

低成分配方因油量太少，如采用面粉油脂拌和法时，第一步搅拌时用的油量无法与全部面粉混合均匀，难以拌入足够的空气，且面粉无法融合足够的油脂。在第二步搅拌添加蛋、奶和水时，面粉容易出筋，烤好后的蛋糕不但体积小，而且韧性很大。故低成分重油蛋糕不宜采用面粉油脂拌和法，而用糖油拌和法为宜。

除面粉拌和法外，制作高成分或中成分蛋糕时可使用两步搅拌法，即把配方中全部的蛋和糖用钢丝搅打器像打海绵蛋糕一样快速打发，然后再将全部的油脂、盐和面粉用浆状搅打器中速打松后，把已打发的鸡蛋倒入已打松的面粉和油脂的混合料中，继续用中速搅匀即可。用两步拌和法拌出的面糊进炉烤焙时膨胀最大，而且组织松软细腻，其唯一的缺点是搅拌时分两步，较为费事。

多数重油蛋糕出炉后不做任何奶油装饰，保持其本色。最常见到的重油蛋糕有裂口小长方形的，也有四方切片的，有用长方形烤盘来烤的，更有用空心模具烘烤的，在成品的表面点缀樱桃或果仁等，总之有数十种之多。由于其配方内总含水量又低于其他蛋糕类，因此面糊也较为干燥和坚韧，烘烤时需要较长时间。

任务1 黄油蛋糕的制作

【学习目标】

★能掌握黄油蛋糕的制作方法、成型方法。

★能区分并选用黄油蛋糕制作的常用原料。

★运用同样的面团，通过馅心、表皮和成型方法的变化，制作出不同口味或花样的黄油蛋糕。

★能熟练并安全使用西饼房设备工具。

【任务描述】

黄油蛋糕也叫重油蛋糕或磅蛋糕。欧美人士最早烘烤蛋糕时，制定了原料用量的标准，即一份鸡蛋可以加一份白糖和一份面粉，但做出来的蛋糕韧性很大，为了改正这个缺点又在配方中加一份黄油。黄油属于柔性原料，使做出来的蛋糕松软可口。

【任务分析】

10.1.1 制作原料分析

①面粉：制作黄油蛋糕的主要原料是低筋面粉。低筋面粉内除含蛋白质外，还含有70% 以上的淀粉，在水及温度的作用下发生膨胀和糊化，蛋白质变性凝固，形成胶黏性很强的面团，当面糊烘焙膨胀时，能包裹住气体并随之膨胀，从而达到成品孔洞大的效果。

②油脂：油脂种类很多。制作黄油蛋糕宜选用油性大、熔点低的油脂，如黄油、植物油等。

③鸡蛋：宜选用新鲜鸡蛋。鸡蛋可用于调节面糊的稠度。

④盐：主要有调节和突出风味的作用，也有增强面糊韧性的作用。

10.1.2 制作过程分析

制作黄油蛋糕一般需经过准备工作、称量原料、搅打蛋糕面糊、装模和烘烤成熟等步骤。

具体操作方法与注意事项如下：

1）准备工作

①设备用具：远红外线电烤炉、烤盘、电磁炉、不锈钢锅、台式多功能搅拌机、中号平口裱花嘴、裱花袋、剪刀、粉筛、勺子、面棍、小号不锈钢碗、油刷、量杯等。

②原料：低筋面粉、鸡蛋、黄油、白糖、盐等。

注意：工作前检查设备工具是否完好齐全，做好清洁卫生工作。

2）制作过程

（1）称量原料

黄油蛋糕原料及参考用量表

原料		烘焙百分比 /%	参考用量 /g	说明
黄油蛋糕	低筋面粉	100	500	—
	鸡蛋	100	500	以低筋面粉为基数计算
	黄油	100	500	
	白糖	100	500	
	盐	1	5	

注意事项：在称量原料时一定要将比例算准确。

（2）搅打蛋糕面糊

操作方法：把黄油、白糖一起放入搅拌缸内，先慢速搅打，待白糖和黄油混合均匀，再高速搅拌至打发状态，呈乳黄色。分次加入鸡蛋，每次使鸡蛋与黄油充分融合后再加鸡蛋。最后将低筋面粉、盐倒入搅拌缸，中速搅拌均匀。

注意事项：将黄油、白糖搅拌至打发状态，呈乳黄色，且白糖溶化；分次加入鸡蛋，每次使鸡蛋液与黄油充分融合再加鸡蛋。

（3）装模

操作方法：将蛋糕面糊装入挤袋中，再将面糊挤入模具中，面糊装八成满。

注意事项：装模时要注意大小均匀，干净利落。

（4）烘烤成熟

操作方法：将生坯入烤炉烘烤，上火 180 ℃，下火 170 ℃，烤 30 ~ 40 分钟，烤至表面呈金黄色即可。

注意事项：正确安全地使用电烤炉，小心漏电及被烫伤。

【任务考核】

学员以6人为一个小组合作完成黄油蛋糕制作技能训练。参照制作过程、操作方法及注意事项进行练习，共同探讨黄油蛋糕的制作并完成训练进度表。

训练内容	训练重点	时间记录	训练效果	改进措施
黄油蛋糕的制作	准备工作			
	面糊调制			
	装模			
	烘烤成熟			
	成型			
	安全卫生			

【任务评价】

以小组为单位，由组长组织，教师指导，按下表中的要求做出相应的组内评价和小组互评，通过讨论给出任务完成效果等级。

评价项目	序　号	评价要点	组内评价	小组互评	教师评价
黄油蛋糕的制作	1	面糊的软硬程度是否适度	A 达标 /B 不达标	A 达标 /B 不达标	A 达标 /B 不达标
	2	整体形态一致、造型美观	A 达标 /B 不达标	A 达标 /B 不达标	A 达标 /B 不达标
	3	口感酥、松、软、香	A 达标 /B 不达标	A 达标 /B 不达标	A 达标 /B 不达标
	4	外形适当点缀	A 达标 /B 不达标	A 达标 /B 不达标	A 达标 /B 不达标
	5	安全卫生	A 达标 /B 不达标	A 达标 /B 不达标	A 达标 /B 不达标
	6	80分钟内完成制品制作	A 达标 /B 不达标	A 达标 /B 不达标	A 达标 /B 不达标
	7	完成任务效果	优秀：≥ 4A 合格：3A 不合格：＜ 3A	优秀：≥ 4A 合格：3A 不合格：＜ 3A	优秀：≥ 4A 合格：3A 不合格：＜ 3A

【任务拓展】

用同样的面团，选用不同的馅心或表皮，可以做出不同花样和口味的黄油蛋糕。

【任务反思】

完成该项任务，思考是否掌握以下技能：

①调制面糊时为什么一定要分次加入鸡蛋？原理是什么？

②在烤制过程中，能打开烤箱吗？

1. 制作黄油蛋糕为什么要选用低筋面粉?
2. 在制作黄油蛋糕的过程中，调制面糊时为什么要分次加入鸡蛋?

任务2 马芬蛋糕的制作

【学习目标】

★能掌握马芬蛋糕的制作方法、成型方法。

★能区分并选用马芬蛋糕制作的常用原料。

★运用同样的面团，通过馅心、表皮和成型方法的变化，制作出不同口味和花样的马芬蛋糕。

★能熟练并安全使用西饼房设备工具。

【任务描述】

马芬蛋糕也称“杯子蛋糕”，其制作方法简单，产品松软，保质期较长。

【任务分析】

10.2.1 制作原料分析

①面粉：制作马芬蛋糕的主要原料是低筋面粉。低筋面粉除含蛋白质外，还含有70%以上的淀粉，在水及温度的作用下发生膨胀和糊化，蛋白质变性凝固，形成胶黏性很强的面团，当面糊烘焙膨胀时，能包裹住气体并随之膨胀，从而达到成品孔洞大的效果。

②油脂：油脂种类很多。制作黄油蛋糕宜选用油性大、熔点低的油脂，如黄油、植物油等。

③鸡蛋：宜选用新鲜鸡蛋。鸡蛋可用于调节面糊的稠度。

④盐：主要是调节和突出马芬蛋糕风味，也有增强面糊韧性的作用。

10.2.2 制作要领分析

①黄油、白糖要搅拌至打发状态，呈乳黄色，且白糖溶化。

②分次加入鸡蛋，每次使鸡蛋与黄油充分融合后再加鸡蛋。

③使用模具时模具内要涂抹油脂，撒上面粉。

10.2.3 制作过程分析

制作马芬蛋糕一般需经过准备工作、搅打蛋糕面糊、装模和烘焙成熟等步骤。

具体操作方法与注意事项如下表:

1）准备工作

①设备用具：远红外线电烤炉、烤盘、台式多功能搅拌机、粉筛、小号不锈钢碗、油刷、量杯、电子秤、耐高温纸杯、竹签等。

②原料：低筋面粉、白糖、鸡蛋、黄油、盐、牛奶、泡打粉等。

注意事项：工作前检查设备工具是否完好齐全，做好清洁卫生工作。

2）制作过程

（1）称量原料

马芬蛋糕原料及参考用量表

原　料		烘焙百分比 /%	参考用量 /g	说　明
马芬蛋糕	低筋面粉	100	500	—
	鸡蛋	50	250	以低筋面粉为基数计算
	黄油	50	250	
	白糖	80	400	
	盐	1	5	
	牛奶	30	150	
	泡打粉	2	10	

注意事项：在称量原料时一定要将比例算准确。

（2）搅打蛋糕面糊

操作方法：黄油、白糖、盐一起放入搅拌缸内，先慢速搅打，待白糖和黄油混合均匀，再高速搅拌至打发状态，呈乳黄色，分次加入鸡蛋，每次待鸡蛋与黄油充分融合后再加鸡蛋，然后将低筋面粉、泡打粉倒入搅拌缸中速搅拌均匀，最后加牛奶搅拌均匀。

注意事项：要将黄油、白糖搅拌至打发状态，呈乳黄色，且白糖溶化；分次加入鸡蛋，每次使鸡蛋与黄油充分融合后再加鸡蛋。

（3）装模

操作方法：将蛋糕面糊装入模具中，装八成满。

注意事项：模具内涂抹油脂，撒上面粉。装模分量均匀。

（4）烘烤成熟

操作方法：将生坯入烤炉烘烤，上火 190 ℃，下火 210 ℃，20 ~ 30 分钟，烤至表面呈金黄色即可。

注意事项：根据生坯的大小和烤炉的性能灵活掌握烤炉的温度和时间；正确安全地使用电烤炉，小心漏电及烫伤。

【任务考核】

学员以 6 人为一个小组合作完成马芬蛋糕制作技能训练。参照制作过程、操作方法及注意事项，进行练习，共同探讨马芬蛋糕的制作并完成训练进度表。

训练内容	训练重点	时间记录	训练效果	改进措施
马芬蛋糕的制作	准备工作			
	面糊调制			
	装模			
	烘烤成熟			
	成型			
	安全卫生			

【任务评价】

以小组为单位，由组长组织，教师指导，按下表中的要求做出相应的组内评价和小组互评，通过讨论给出任务完成效果等级。

评价项目	序　号	评价要点	组内评价	小组互评	教师评价
马芬蛋糕的制作	1	面糊的软硬程度是否适度	A 达标 /B 不达标	A 达标 /B 不达标	A 达标 /B 不达标
	2	整体形态一致、造型美观	A 达标 /B 不达标	A 达标 /B 不达标	A 达标 /B 不达标
	3	口感酥、松、软、香	A 达标 /B 不达标	A 达标 /B 不达标	A 达标 /B 不达标
	4	外形适当点缀	A 达标 /B 不达标	A 达标 /B 不达标	A 达标 /B 不达标
	5	食品卫生	A 达标 /B 不达标	A 达标 /B 不达标	A 达标 /B 不达标

续表

评价项目	序　号	评价要点	组内评价	小组互评	教师评价
马芬蛋糕的制作	6	80分钟内完成制品制作	A达标/B不达标	A达标/B不达标	A达标/B不达标
	7	完成任务效果	优秀：≥4A 合格：3A 不合格：＜3A	优秀：≥4A 合格：3A 不合格：＜3A	优秀：≥4A 合格：3A 不合格：＜3A

【任务拓展】

用同样的面团，不同的辅料，可以做出不同花样和口味的马芬蛋糕。例如，全麦马芬蛋糕、葡萄干马芬蛋糕、橙汁马芬蛋糕。

【任务反思】

完成该项任务，思考是否掌握以下技能：

①调制面糊时为什么一定要分次加入鸡蛋？原理是什么？

②在配方中可以一半使用黄油，一半使用液态酥油吗？

课后练习

1. 制作马芬蛋糕为什么要选用低筋面粉？
2. 在制作马芬蛋糕的过程中，黄油可以用植物油代替吗？
3. 制作一款品质合格的马芬蛋糕需要注意哪些环节？

项目实训——重油蛋糕的制作

一、布置任务

1. 小组活动：根据前重油蛋糕的制作方法，小组成员讨论制作一款有特色的重油蛋糕。
2. 个人完成：实习报告册的撰写。
3. 小组完成：小组成员根据岗位的需求分工完成品种的制作。

二、实训准备

1. 小组长完成原料单的填写。
2. 小组成员负责设施设备的检查和准备。

三、实训步骤

1. 小组长根据岗位的需求将任务细化，分配给小组成员。

2. 各小组成员在规定的时间内完成产品制作。
3. 各小组做好各项工作记录，填写评价表。

四、小组评价

1. 制作重油蛋糕应掌握哪些知识？
2. 制作一款合格的重油蛋糕应掌握哪些制作过程？
3. 制作重油蛋糕应掌握的技能要领有哪些？
4. 产品送评，请老师和其他小组成员品尝及点评。

五、综合评价

综合评价包括制作评价和个人能力评价。主要项目如下：

1. 重油蛋糕制作评价。

重油蛋糕制作评价表

评价项目	序号	评价要点	组内评价	小组互评	教师评价
重油蛋糕的制作	1	面糊的软硬程度是否适度	A 达标 /B 不达标	A 达标 /B 不达标	A 达标 /B 不达标
	2	整体形态一致、造型美观	A 达标 /B 不达标	A 达标 /B 不达标	A 达标 /B 不达标
	3	口感酥、松、软、香	A 达标 /B 不达标	A 达标 /B 不达标	A 达标 /B 不达标
	4	外形适当点缀	A 达标 /B 不达标	A 达标 /B 不达标	A 达标 /B 不达标
	5	装盘卫生	A 达标 /B 不达标	A 达标 /B 不达标	A 达标 /B 不达标
	6	80 分钟内完成成品制作	A 达标 /B 不达标	A 达标 /B 不达标	A 达标 /B 不达标
	7	完成任务效果	优秀：≥ 4A 合格：3A 不合格：＜ 3A	优秀：≥ 4A 合格：3A 不合格：＜ 3A	优秀：≥ 4A 合格：3A 不合格：＜ 3A

2. 个人能力评价。

个人能力评价表

内容			评价	
学习目标		评价项目	小组评价	教师评价
知识	应知	1. 重油蛋糕的类型、成型方法	A. 优 B. 良 C. 一般	A. 优 B. 良 C. 一般
		2. 制作重油蛋糕原料的选用及处理	A. 优 B. 良 C. 一般	A. 优 B. 良 C. 一般

续表

内容			评价	
专业能力	应会	1. 熟悉重油蛋糕的制作流程及工艺	A. 优 B. 良 C. 一般	A. 优 B. 良 C. 一般
		2. 掌握重油蛋糕的制作技术要领	A. 优 B. 良 C. 一般	A. 优 B. 良 C. 一般
		3. 掌握烘焙技术	A. 优 B. 良 C. 一般	A. 优 B. 良 C. 一般
通用能力	团队组织、合作能力	合理分配细化任务	A. 优 B. 良 C. 一般	A. 优 B. 良 C. 一般
	沟通、协调能力	同学间的交流	A. 优 B. 良 C. 一般	A. 优 B. 良 C. 一般
	解决问题能力	突发事件的处理	A. 优 B. 良 C. 一般	A. 优 B. 良 C. 一般
	自我管理能力	卫生安全	A. 优 B. 良 C. 一般	A. 优 B. 良 C. 一般
	创新能力	品种变化	A. 优 B. 良 C. 一般	A. 优 B. 良 C. 一般
态度	爱岗敬业	态度认真	A. 优 B. 良 C. 一般	A. 优 B. 良 C. 一般
个人努力方向与建议				

项目 11

艺术蛋糕的制作

艺术蛋糕，顾名思义，是蛋糕界的颜值代表，它不只是蛋糕那么简单。制作艺术蛋糕不但需要精致娴熟的技艺，同时需要充分的想象力和创造能力，让人们在小小的蛋糕装饰上感受到美，同时将它作为传递感情的载体，将良好祝愿充分体现。这也说明制作艺术蛋糕就等同于艺术创作，绝不是多种原材料的堆积就能形成的，它是裱花师的熟练技艺和创作完美结合的艺术作品。制作艺术蛋糕除必备高超的手艺外，还应具备良好的艺术修养和一定的文化知识。

任务1 主题蛋糕的制作

【学习目标】

★了解、掌握色彩基础知识及组合配色规律。

★熟悉主题蛋糕造型立体构成要素。

★掌握裱花基本制作。

主题蛋糕造型讲究独特，以贴近主题、逼真形象来表达祝福。其制作工艺更加复杂，在吸引眼球的同时，要让人细细品味出生活的美好时光。工艺的不断改进，让蛋糕装饰的细节越来越精致，其绚丽的色彩、独特的造型，是艺术，更是时尚。

【任务描述】

学习、掌握使用多功能搅拌机搅打鲜奶油。学会用鲜奶油涂抹直面、圆面的蛋糕坯，掌握 2 ~ 3 种花卉的制作，2 ~ 3 种字体的勾写，2 ~ 3 种立体动物的技法。同时根据题目学会组合一款生日蛋糕。

【任务分析】

11.1.1 制作原料分析

①鲜奶油一般分为三类：植物脂奶油、乳脂奶油、动物脂奶油。最常用的是植物脂奶油，一般保存于零下18 ℃条件下，在2 ~ 7 ℃的冷藏柜中解冻后打发，打发至其4.5倍左右。鲜奶油最佳搅打为中性打发，状态为：用筷子插入其中垂直不倒，用搅拌球快速垂直拉出呈鸡尾状，久无下垂现象，有可塑性，气孔细腻且分布均匀，光泽度较亮。

②选用果肉鲜甜、汁少、色艳、易成型、不易变色的新鲜水果。

③尽量选用纯天然无防腐剂的果酱、果膏、色素、色粉。

11.1.2 制作要领分析

主题蛋糕制作题材一般要用心收集，以多种装饰、多种色彩来更好地烘托气氛。一般使用已烘焙成熟的蛋糕坯，根据主题削剪出所需形状，然后涂抹上奶油，挤上符合主题的花卉、动物，也可用水果做装饰并写上表达美好愿望的字词。

11.1.3 制作过程分析

制作主题蛋糕一般需经过准备工作，称量原料，打发奶油，蛋糕修剪、夹心，抹面，挤边、裱花、挤动物，组装、写字等步骤。

具体操作方法与注意事项如下：

1）准备工作

①设备用具：电磁炉、不锈钢锅、台式多功能搅拌机、整套20头裱花嘴、裱花袋、剪刀、不锈钢碗、抹刀、水果刀、裱花转盘、裱花棒等。

②原料：戚风糕圆坯、奶油、果膏、果馅、巧克力、新鲜水果等。

注意事项：工作前检查设备工具是否完好齐全，由于制品是直接食用的，因此一定要做好清洁卫生工作。为使制品有较好的效果，建议在空调房内操作。

2）制作过程

（1）称量原料

主题蛋糕原料及参考用量表

原料		要求
主题蛋糕	戚风糕圆坯	直径19 cm，高6 ~ 7 cm
	奶油	适量（1/3支奶油打发）
	果膏、果馅、巧克力	色泽艳丽，约20 g果膏用于写字，果馅用于夹心或装饰表面，巧克力用于装饰
	新鲜水果	时令水果适量

注意事项：一定要选用新鲜原料，器具一定要干净，佩戴口罩和手套操作。

（2）打发奶油

操作方法：先将奶油上下摇晃均匀，倒入搅拌桶内。先慢速搅至冰碴完全融化，调整至

中速搅打至其湿性发泡，有黏稠感，再调至中高速，搅打至其中干性发泡，抽出搅拌球，顶部呈较直立的鸡尾状，改用慢速继续搅打 10 秒即可使用。

注意事项：

①打发奶油前不可过度解冻，也不可有过量的冰碴。

②打发时间一般为 5 ~ 10 分钟。如搅拌时间过长，则气泡过多、粗糙。

③搅拌球应选择钢条间距密一些的，奶油会充气更均匀、细腻。

④抹面、挤花、做动物所用的奶油硬度均有不同，可根据自己的制作习惯适当调节奶油的软硬度。

（3）蛋糕修剪、夹心

操作方法：

①蛋糕圆坯削剪成型，将其放在转盘上，用剪刀修去直角边，以便抹面。

②一手平放压住蛋糕，一手拿细锯齿刀与转盘平行，前后抽动锯齿刀，将蛋糕锯成两等份，清除蛋糕屑。保持工作台面干净。

③在底下一片蛋糕坯上放上打发的奶油，用抹刀向四周刮匀，盖住蛋糕即可。

④在涂抹了奶油的蛋糕上均匀地放上新鲜水果粒或果馅，盖上另一层蛋糕，侧面一定要对齐，轻压一下蛋糕坯，使其更贴合。

注意事项：

①抽动锯齿刀时用力一定要均匀，平行。

②要清理干净蛋糕屑才能继续操作。

③用新鲜水果做夹心，要选用水分少的，否则水分进入蛋糕会影响口感。

（4）抹面

操作方法：

①在蛋糕中心一次性放上足量的奶油，用抹刀前端压一下奶油，使奶油向四周扩开，以中心为圆点，刀与蛋糕呈 20° 左右推刀，一边推刀一边转转盘，至奶油多出蛋糕坯 3 ~ 5 cm。

②将多出的奶油向下推，用抹刀挑起奶油在侧面涂抹，刀呈 25° 前后推动，至奶油完全包裹蛋糕，并稍高出蛋糕。

③用抹刀将高出的奶油分几次向蛋糕中心刮平，最后一刀抹平。

注意事项：

①左右推刀应先推出约 40 cm，再回推约 20 cm，这样奶油可快速推平。

②抹侧面主要靠转盘的转动，保持用刀的力度，像抹面一样推动即可。

③抹平表面时使刀与蛋糕呈 25°，最后一刀应从上到下，至边缘 2 cm 处快速提刀，使表面的奶油外溢。

（5）挤边、裱花、挤动物

操作方法：

①装花嘴、奶油：将裱花嘴装入裱花袋，用剪刀平剪开，以露出花嘴的一小半为宜。翻卷到裱花袋一半处，用手握住下端张开呈圆形，用三角铲或抹刀装入奶油，至裱花袋 2/3 处即可。

②挤边：将花嘴放在蛋糕表面（不与蛋糕表面直接接触），通过挤、拉、抖等手法自由组合、拼接成对称、协调的花纹。

③玫瑰花：使用裱花棒顶住糯米花托将花嘴薄的一头向上，围着花托转一圈，第 2 层从花托中部起，由下向上再向下拉出弧形，3 瓣为一层，绕 3 ~ 4 层即可。

④用圆嘴挤出动物的锥形身体，在身体 1/3 处挤出上肢，底部挤出下肢，在顶部斜角 45° 挤出头和面部，用纸做挤袋装奶油，剪细小的口，勾画出动物眼睛、耳朵、嘴、手指等，用巧克力勾画出五官表情即可。

注意事项：

①挤边常用花嘴有圆形、圆锯齿形、叶形、扁锯齿形、桃形、弯形嘴等。

②剪裱花袋不能过多，否则会因为用力过度把花嘴挤出。

③装入奶油后将奶油向前推出一些，这样可以排出袋内空气，便于后面的操作。

④挤边也要靠转盘的转动，一边转转盘一边保持挤花嘴的力度，保持其纹理的大小、长短、粗细一致。

⑤挤玫瑰花时应注意花嘴和花托的距离要逐层偏大。

⑥挤动物时挤出的奶油要光滑，挤动物四肢要插进去再拉出来，头、面部要饱满，线条要流畅。

（6）组装、写字

操作方法：

①将挤好的花、动物以及切好的水果按其材料、色彩、形态等组合到蛋糕表面。

②用巧克力或色彩艳丽的果膏在空白处写上主题祝福语。

注意事项：

①装饰蛋糕时要注意色彩的搭配，要有明确的基调和强弱、明暗之分。

②摆放花卉、动物、水果，要有层次感，给人一种对称、呼应的感觉。

③写字要线条流畅，一气呵成，可根据要求写不同的字体。

【任务考核】

学员以 6 人为一个小组合作完成主题蛋糕制作技能训练。参照制作过程、操作方法及注意事项进行练习，共同探讨主题蛋糕的制作并完成训练进度表。

训练内容	训练重点	时间记录	训练效果	改进措施
主题蛋糕的制作	准备工作			
	打发奶油			
	蛋糕修剪、夹心			
	抹面			
	挤边、裱花、挤动物			
	组装、写字			

【任务评价】

以小组为单位，由组长组织，教师指导，按下表中的要求做出相应的组内评价和小组互

评，通过讨论给出任务完成效果等级。

评价项目	序 号	评价要点	组内评价	小组互评	教师评价
主题蛋糕的制作	1	操作前卫生要求	A 达标 /B 不达标	A 达标 /B 不达标	A 达标 /B 不达标
	2	奶油搅拌程度	A 达标 /B 不达标	A 达标 /B 不达标	A 达标 /B 不达标
	3	锯切蛋糕及夹心	A 达标 /B 不达标	A 达标 /B 不达标	A 达标 /B 不达标
	4	挤边、挤花、挤动物	A 达标 /B 不达标	A 达标 /B 不达标	A 达标 /B 不达标
	5	组装、写字	A 达标 /B 不达标	A 达标 /B 不达标	A 达标 /B 不达标
	6	完成任务效果	优秀：≥ 4A 合格：3A 不合格：＜ 3A	优秀：≥ 4A 合格：3A 不合格：＜ 3A	优秀：≥ 4A 合格：3A 不合格：＜ 3A

【任务拓展】

做生日蛋糕，根据不同的年龄段，运用所学技能，挤出不同的边、花、动物。

[**例 1**] 制作儿童卡通生日蛋糕。

制作方法：

①将鲜奶打发。

②修整蛋糕坯，夹心。

③抹面，挤边（可不挤边直接摆放水果）。

④挤 2 ~ 3 个可爱的动物，2 ~ 3 朵小花。

⑤组装，写字（可不写字直接插巧克力牌和卡通牌）。

[**例 2**] 制作玫瑰花生日蛋糕。

制作方法：

①将鲜奶打发。

②修整蛋糕坯，夹心。

③抹面，挤边（可不挤边直接挤叶子装饰）。

④挤 2 ~ 9 朵大小不一的玫瑰花，也可加几朵百合花一类的花。

⑤组装，写字（可不写字直接插巧克力牌）。

【任务反思】

完成该项任务，思考是否掌握以下技能：

①能区分市场销售的奶油品种，独立采购符合制作不同消费层次的各种主题蛋糕的奶油。

②掌握不同程度的奶油搅拌方法并记录搅拌时间、检测方法等技术指标。

③可以举一反三，独立制作 2 ~ 3 款不同主题或造型不同的裱花蛋糕。

收集主题蛋糕的各种素材，如花卉图、动物图、字体等。

任务2 黑森林蛋糕的制作

【学习目标】

★了解、掌握色彩基础知识及组合配色规律。
★熟悉黑森林蛋糕造型立体构成要素。
★掌握裱花基本制作。

黑森林蛋糕是德国著名甜点，融合了樱桃的酸、奶油的甜、巧克力的苦、樱桃酒的醇香。关于“黑森林蛋糕”名称的来源，有多种不同的说法。一种说法认为黑色的巧克力碎末让人联想到黑色的森林；另一种说法认为黑森林蛋糕的重要配料樱桃酒是黑森林的特产。还有一种说法则认为现今通常所见的黑森林蛋糕最初并非来源于黑森林，很有可能是因为蛋糕的样子酷似黑森林地区的民族服饰而得名，黑色的巧克力碎末像黑色的外衣，白色的奶油像白色的衬衫，而奶油上的樱桃则让人联想到黑森林所特有的白底红珠的大绒球帽。黑森林蛋糕主要出现在城市的西饼店中，是最有名和最受欢迎的蛋糕之一。

【任务描述】

黑森林蛋糕是一款典型的夹心蛋糕，可以夹 2 ~ 3 层。其主要要求学生学会并掌握片蛋糕片、夹馅，处理夹心原料的操作，对于以后制作欧式蛋糕大有帮助。

【任务分析】

11.2.1 制作用料分析

①选用黑苦的纯巧克力。

②樱桃酒糖浆就是一般的甜点糖浆，以樱桃酒调味。

③夹心黑樱桃，选用罐装的无核黑樱桃即可，也可用大粒果肉的樱桃馅，挑樱桃出来使用。

④打发的鲜奶油，可用适量的樱桃酒加以调味。

⑤黑森林蛋糕坯常用巧克力或可可的戚风蛋糕坯或海绵蛋糕坯。色泽呈巧克力色，香味浓郁，口感细腻、松软。

11.2.2 制作要领分析

一般来说，黑森林蛋糕的做法很简单，烤一个巧克力口味的戚风蛋糕或者海绵蛋糕，片成三片，先取一片，刷上樱桃酒糖浆，抹上鲜奶油，铺上一层黑樱桃，盖上第二片蛋糕片，刷上一层樱桃酒糖浆，抹鲜奶油，铺上一层黑樱桃，盖上最后一片，稍压，用奶油将整个蛋糕抹满，再撒上巧克力屑，摆上樱桃即可。

11.2.3 制作过程分析

制作黑森林蛋糕一般需经过准备工作、称量原料、打发奶油、蛋糕切片、夹心、抹面和装饰等步骤。

具体操作方法与注意事项如下。

1）准备工作

①设备用具：电磁炉、台式多功能搅拌机、星形状裱花嘴、裱花袋、剪刀、不锈钢碗、抹刀、裱花转盘、刷子等。

②原料：蛋糕圆坯、植脂鲜奶油、黑樱桃、黑苦巧克力、新鲜樱桃等。

注意事项：制作前检查设备工具是否完好齐全，由于制品是直接食用的，因此一定要做好清洁卫生工作。为使制品有较好的效果，建议在空调房内操作。

2）制作过程

（1）称量原料

黑森林蛋糕原料及参考用量表

原 料		要 求
黑森林蛋糕	蛋糕圆坯	巧克力戚风蛋糕或海绵蛋糕圆坯，直径 19 cm，高 6 ~ 7 cm
	植脂鲜奶油	适量（1/3 支奶油打发）
	黑樱桃	用于夹心或装饰表面
	黑苦巧克力	用于装饰表面
	新鲜樱桃	装饰表面

注意事项：选用的原料一定要新鲜，器具一定要干净，戴手套操作。

（2）打发奶油

操作方法：打发奶油时，先慢速搅至冰碴完全融化，调至中速搅打至其湿性发泡，有黏稠感，再调至中高速，搅打至中干性发泡，抽出搅拌球，顶部呈较直立的鸡尾状，加入适量的樱桃酒，改用慢速继续搅打 10 秒即可使用。

注意事项：

①打发奶油前不可过于解冻奶油，也不可含过多冰碴。

②打发时间一般为 5 ~ 10 分钟。如打发时间过长，则气泡过多，粗糙。

③搅拌球应选择间距密的钢条，能使奶油在搅拌中更均匀、细腻。

④樱桃酒的用量可根据个人爱好增减。

（3）蛋糕切片、夹心

操作方法：

①将蛋糕圆坯放在转盘上，一手平放压住蛋糕，一手拿细锯齿刀与转盘平行，前后抽动锯齿刀，将蛋糕锯成 3 等份，清理干净蛋糕屑。

②在一片蛋糕坯上刷一层樱桃酒糖浆，放上打发的奶油，用抹刀向四周刮匀，均匀地放上黑樱桃，盖上另一片蛋糕。刷一层樱桃酒糖浆，放上打发的奶油，抹匀，放上黑樱桃，再盖上最后一片蛋糕。侧面一定要对齐，轻压一下蛋糕坯，使其贴合得更好。

注意事项：

①抽动锯齿刀时用力一定要均匀、平行。

②要清理干净蛋糕屑才能继续操作。

③使用罐装黑樱桃时一定要滤干水分，否则水分进入蛋糕会影响口感。

（4）抹面

操作方法：

①在蛋糕中心一次性放上足量奶油，用抹刀的前端压一下奶油，使奶油向四周扩开，以中心为圆点，刀与蛋糕呈 20° 左右推刀，一边推刀一边转转盘，至奶油多出蛋糕坯 3 ~ 5 cm。

②将多出的奶油向下推，用抹刀挑起奶油在侧面涂抹，刀呈 25° 前后推动，至完全包裹蛋糕，并稍高出蛋糕。

③用抹刀将高出的奶油分几次向蛋糕中心刮平，最后一刀抹平。

注意事项：

①左右推刀应先推出约 40 cm，再回来约 20 cm，这样可快速推平奶油。

②抹侧面主要靠转盘的转动，保持用刀的力度，像抹面一样推动即可。

③抹平表面时刀与蛋糕呈 25°，最后一刀应从上到下，至边缘 2 cm 处快速提刀，使表面奶油外溢。

（5）装饰

操作方法：

①用刀将巧克力刮成大小不一的碎片。

②用抹刀将蛋糕蘸满巧克力碎片。

③使用星形花嘴在蛋糕上挤出 12 个蔷薇花形，在上面各放上一粒樱桃即可。

注意事项：

①刮巧克力碎片可直接用水果挖球器，这样巧克力碎片较大。

②表面可增加大片的巧克力刨片。

【任务考核】

学员以 6 人为一个小组合作完成黑森林蛋糕制作技能训练。参照制作过程、操作方法及注意事项进行练习，共同探讨黑森林蛋糕的制作并完成训练进度表。

训练内容	训练重点	时间记录	训练效果	改进措施
黑森林蛋糕的制作	准备工作			
	打发奶油			
	蛋糕修剪、夹心			
	抹面			
	组装			

【任务评价】

以小组为单位，由组长组织，教师指导，按下表的要求做出相应的组内评价和小组互评，讨论给出任务完成效果等级。

评价项目	序　号	评价要点	组内评价	小组互评	教师评价
黑森林蛋糕的制作	1	操作前卫生要求	A 达标 /B 不达标	A 达标 /B 不达标	A 达标 /B 不达标
	2	奶油搅拌程度	A 达标 /B 不达标	A 达标 /B 不达标	A 达标 /B 不达标
	3	锯切蛋糕及夹心	A 达标 /B 不达标	A 达标 /B 不达标	A 达标 /B 不达标
	4	组装	A 达标 /B 不达标	A 达标 /B 不达标	A 达标 /B 不达标
	5	操作后卫生要求	A 达标 /B 不达标	A 达标 /B 不达标	A 达标 /B 不达标
	6	完成任务效果	优秀：≥ 4A 合格：3A 不合格：＜ 3A	优秀：≥ 4A 合格：3A 不合格：＜ 3A	优秀：≥ 4A 合格：3A 不合格：＜ 3A

【任务拓展】

用巧克力戚风蛋糕制作黑森林蛋卷。

原料：巧克力戚风蛋糕一块，打发奶油、巧克力刨片适量。

制作方法：

①将蛋糕平铺在蛋糕纸上，刷上一层樱桃酒糖浆，抹上打发奶油，在靠自己的一边放上一排黑樱桃。

②用长棍将蛋糕从面前向外卷起，放置 3 ～ 5 分钟。

③打开纸，将蛋糕放正，用抹刀在表面和两侧涂上奶油，撒上巧克力刨片。

④上面装饰樱桃，即可切件。

【任务反思】

完成该项任务，思考是否掌握以下技能：

①巧克力刨片的处理。

②掌握蛋糕夹心方法和罐装水果处理方法。

③可以举一反三，独立制作 2 ～ 3 款不同口味或造型的蛋糕。

收集黑森林蛋糕的各种素材，如花卉图、动物图等。

项目实训——艺术蛋糕的制作

一、布置任务

1. 小组活动：根据艺术蛋糕的制作方法，依据本地的特色物产，小组成员讨论制作一款有特色的艺术蛋糕。

2. 个人完成：实习报告册的撰写。
3. 小组完成：小组成员根据岗位的需求分工完成艺术蛋糕品种的制作。

二、实训准备

1. 小组长完成原料单的填写。
2. 小组成员负责设施设备的检查和准备。

三、实训步骤

1. 小组长根据岗位的需求将任务细化，分配给小组成员。
2. 各小组成员在规定的时间内完成产品制作。
3. 各小组做好各项工作记录，填写评价表。

四、小组评价

1. 制作艺术蛋糕应掌握哪些知识?
2. 制作一款合格的艺术蛋糕应掌握哪些制作过程?
3. 制作艺术蛋糕应掌握哪些技能要领?
4. 产品送评，请老师和其他小组成员品尝及点评。

五、综合评价

综合评价包括制作评价和个人能力评价。主要项目如下：

1. 艺术蛋糕评价。

艺术蛋糕评价表

评价项目	序 号	评价要点	组内评价	小组互评	教师评价
艺术蛋糕的制作	1	奶油打发的软硬度是否适度	A 达标 /B 不达标	A 达标 /B 不达标	A 达标 /B 不达标
	2	整体形态一致、造型美观	A 达标 /B 不达标	A 达标 /B 不达标	A 达标 /B 不达标
	3	装饰符合主题	A 达标 /B 不达标	A 达标 /B 不达标	A 达标 /B 不达标
	4	外形点缀适当	A 达标 /B 不达标	A 达标 /B 不达标	A 达标 /B 不达标
	5	50 分钟内完成制品	A 达标 /B 不达标	A 达标 /B 不达标	A 达标 /B 不达标
	6	完成任务效果	优秀：≥ 4A 合格：3A 不合格：＜ 3A	优秀：≥ 4A 合格：3A 不合格：＜ 3A	优秀：≥ 4A 合格：3A 不合格：＜ 3A

2. 个人能力评价。

个人能力评价表

内容			评价	
学习目标		评价项目	小组评价	教师评价
知识	应知	1. 基本原料的选择及使用	A. 优 B. 良 C. 一般	A. 优 B. 良 C. 一般
		2. 各种奶油的性能	A. 优 B. 良 C. 一般	A. 优 B. 良 C. 一般
专业能力	应会	1. 熟悉艺术蛋糕的制作流程及工艺	A. 优 B. 良 C. 一般	A. 优 B. 良 C. 一般
		2. 掌握艺术蛋糕的制作技术要领	A. 优 B. 良 C. 一般	A. 优 B. 良 C. 一般
		3. 正确使用裱花工具，掌握裱花基本功	A. 优 B. 良 C. 一般	A. 优 B. 良 C. 一般
通用能力	团队组织、合作能力	合理分配细化任务	A. 优 B. 良 C. 一般	A. 优 B. 良 C. 一般
	沟通、协调能力	同学间的交流	A. 优 B. 良 C. 一般	A. 优 B. 良 C. 一般
	解决问题能力	突发事件的处理	A. 优 B. 良 C. 一般	A. 优 B. 良 C. 一般
	自我管理能力	卫生安全	A. 优 B. 良 C. 一般	A. 优 B. 良 C. 一般
	创新能力	品种变化	A. 优 B. 良 C. 一般	A. 优 B. 良 C. 一般
态度	爱岗敬业	态度认真	A. 优 B. 良 C. 一般	A. 优 B. 良 C. 一般
个人努力方向与建议				

小西饼的制作

小西饼是一种香、酥、脆、松兼具的小点心。小西饼有许多不同的名称，如小西点、甜点、干点等。小西饼在成型时，没有固定的花样，其大小、形状都可随心所欲地变化，烘烤后也可用各式各样的花饰来装饰、美化。

任务1 曲奇饼的制作

第一次被制作出的曲奇饼由数片细小的蛋糕组合而成。曲奇饼在美国与加拿大为细小而扁平的蛋糕式的饼干。不同种类的曲奇饼会有不同的软硬度。曲奇饼有很多不同的风味，如糖味、香料味、巧克力味、牛油味、花生酱味、核桃味和干水果味等。

【学习目标】

★熟悉曲奇饼的制作工艺流程。
★掌握曲奇饼搅拌投料顺序和搅拌程度。
★掌握曲奇饼的造型方法及制作方法。
★掌握曲奇饼花形的挤注手法。
★掌握曲奇饼烘焙的技术要领。
★熟练并安全使用西饼房设备工具。

【任务描述】

曲奇饼是用黄油、白糖、鸡蛋、面粉等主料通过搅拌、烘烤而成的一类酥松饼干。曲奇饼常见成型种类有：

①挤制型：将调制好的面糊用裱花嘴挤制成型。

②冷藏型：将调制好两种或两种以上颜色的面团放入冰箱中冻硬，然后进行切割和烘焙。

③片状型：饼干质地密实，油脂含量高，可直接用手或模具成型。

【任务分析】

12.1.1 制作要领分析

①面糊调好后，在冬、夏两季应马上烘烤成型，不然会被冻结或被泻油；打发的黄油必须与水完全混合，不能出现分离现象，否则会影响口感。

②在烤盘中适量刷黄油，或垫高温油布，可增加成品的香味，如刷油过多成品则易走形。

③选用深齿裱花嘴，使面糊成型效果明显，美观大方。挤注的曲奇饼大小厚薄要均匀，否则烘烤时上色不均匀。

④在烘烤生坯时，一定要控制好炉温，炉温偏低会使成品下陷过度、质地干硬、色泽较浅，炉温过高会使成品边缘或底部焦化。

12.1.2 制作过程分析

制作曲奇饼一般需经过准备工作、称量原料、调制面糊、挤制成型、烘烤成熟和装饰等步骤。

具体操作方法与注意事项如下：

1）准备工作

①设备用具：远红外线电烤炉、烤盘、电磁炉、不锈钢锅、台式多功能搅拌机、中号平口裱花嘴、裱花袋、剪刀、粉筛、勺子、面棍、小号不锈钢碗、油刷、量杯等。

②准备原料：低筋面粉、鸡蛋、黄油、色拉油、盐、白糖、水、果酱等。

注意事项：工作前检查设备、工具是否完好齐全，做好清洁卫生工作。

2）制作过程

（1）称量原料

曲奇饼原料及参考用量表

原　料		烘焙百分比 /%	参考用量 /g	说　明
曲奇饼（主料）	低筋面粉	100	500	—
	鸡蛋	20	100	以低筋面粉为基数计算
	黄油	30	150	
	色拉油	30	150	
	盐	0.06	0.3	
	白糖	40	200	
	水	25	125	
曲奇饼（点缀原料）	果酱	—	适量	

注意事项：在称量原料时一定要将比例算准确，面粉必须过筛，以除去杂质。

（2）调制面糊

操作方法：把黄油、白糖、盐放入搅拌机内，用中速拌匀使之乳化，成乳白色膨松状即可将鸡蛋、色拉油、水分次加入搅拌机内，用慢速搅拌至均匀。最后加入低筋面粉慢速拌匀成面糊。

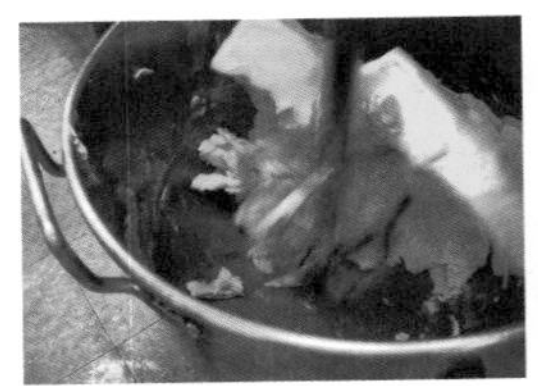  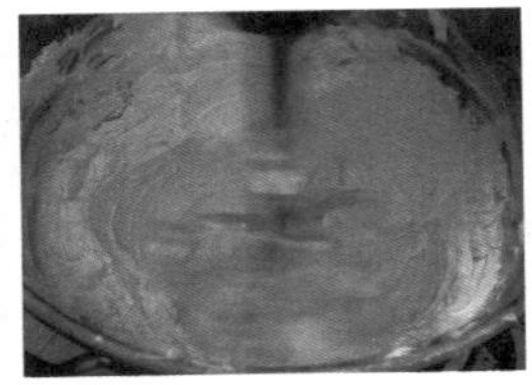 

注意事项：

①注意原料的投放顺序，顺序不可颠倒，否则影响成品质量。

②将原材料进行搅拌时，中速低速均可，关键是乳化过程中膨松度的把握，不可过度打发，否则影响成型。

（3）挤制成型

操作方法：在烤盘上均匀地刷一层薄油，再撒上少许低筋面粉，以防生坯滑动。先将八齿裱花嘴装入挤袋中，再将面糊装入挤袋内，用右手虎口握紧袋口挤制成直径为 4 ～ 5 cm 的圆形生坯。

注意事项：挤制时虎口一定要握紧袋口，以防面浆往上溢出。挤制生坯入盘时，应掌握好生坯的间距，防止粘在一起。

（4）烘烤成熟

操作方法：将生坯入烤炉烘烤，上火 180 ℃，底火 160 ℃，烤 20 ～ 25 分钟，至表面呈麦黄色即可出炉，趁热逐一将饼干从烤盘上取下，以免冷却后粘住。

注意事项：正确安全地使用电烤炉，小心漏电及烫伤。

（5）装饰

操作方法：冷却后用糖霜点缀即可出品。

注意事项：注意食品卫生，操作时要戴口罩、手套。

【任务考核】

学员以 6 人为一个小组合作完成曲奇饼制作技能训练。参照制作过程、操作方法及注意事项进行练习，共同探讨曲奇饼的制作并完成训练进度表。

训练内容	训练重点	时间记录	训练效果	改进措施
曲奇饼的制作	准备工作			
	面糊调制			
	挤制成型			
	烘烤成熟			
	安全卫生			

【任务评价】

以小组为单位，由组长组织，教师指导，按下表的要求做出相应的组内评价和小组互评，通过讨论给出任务完成效果等级。

评价项目	序　号	评价要点	组内评价	小组互评	教师评价
曲奇饼的制作	1	面糊的软硬程度是否适度	A 达标 /B 不达标	A 达标 /B 不达标	A 达标 /B 不达标
	2	整体形态一致、造型美观	A 达标 /B 不达标	A 达标 /B 不达标	A 达标 /B 不达标
	3	口感酥、松、软、香	A 达标 /B 不达标	A 达标 /B 不达标	A 达标 /B 不达标
	4	外形适当点缀	A 达标 /B 不达标	A 达标 /B 不达标	A 达标 /B 不达标
	5	食品卫生	A 达标 /B 不达标	A 达标 /B 不达标	A 达标 /B 不达标
	6	60 分钟内完成制品制作	A 达标 /B 不达标	A 达标 /B 不达标	A 达标 /B 不达标
	7	完成任务效果	优秀：≥ 4A 合格：3A 不合格：＜ 3A	优秀：≥ 4A 合格：3A 不合格：＜ 3A	优秀：≥ 4A 合格：3A 不合格：＜ 3A

【任务拓展】

为制作出口感更好的曲奇饼，可以采用以下方法：

①将一半水换成牛奶。

②低筋面粉加可可粉，比例为低筋面粉：可可粉 =1：0.1。

③在原料中加花生、果仁、葡萄干、核桃等干果混合均匀，可制作出各种不同风味的曲奇饼。

【任务反思】

完成该项任务，思考是否掌握以下技能：

①搅拌原材料时，中速低速均可，关键是对乳化过程中膨松度的把握，如果过度打发对成型会有什么影响？

②加入低筋面粉后能否长时间搅拌？为什么？

③如果没有高温布，烤盘应怎样处理？

1. 将制作曲奇饼的关键步骤用文字记录下来。

2. 为什么不能长时间搅拌原材料？

3. 在原味曲奇饼的基础上通过原料的变化、成型方法的变化制作一款有坚果的曲奇饼，用文字将用料及用量、制作过程写出来。

任务2 椰蓉薄饼的制作

【学习目标】

★掌握椰蓉薄饼制作工艺流程。

★掌握椰蓉薄饼搅拌投料顺序和对搅拌程度的判断。

★掌握椰蓉薄饼的整形方法及馅料、装饰料的制作方法。

★运用同样的制作原理，通过原料、成型方法的变化，制作出不同口味、不同花样的薄饼。

★熟练并安全地使用西饼房设备工具。掌握烘焙椰蓉薄饼的技术要领。

【任务描述】

椰蓉薄饼是一款很有特色的薄脆饼干，配方中只用到蛋清，因为蛋清含有 70% 左右的水分，所以可以保持饼干的干脆。它是用面粉、白糖、黄油、果仁等原料制作成的最薄的饼干，特点是酥、香、脆，百吃不厌。

【任务分析】

12.2.1 制作要领分析

影响椰蓉薄饼品质的主要因素有以下几个：

①面团中含水量要适量，否则成品会绵软。

②糖量要适度，多则易烤焦，少则不酥脆。

③油脂含量适度，多则易松散，少则不酥。

④鸡蛋无须打发。

⑤成型时分量要一致。

⑥成品一定要密封储存，否则会受潮，影响酥脆度。

12.2.2 制作过程分析

制作椰蓉薄饼一般需经过准备工作、称量原料、调制面糊、挤制成型、烘烤成熟等步骤。

具体操作方法与注意事项如下：

1）准备工作

①设备用具：远红外线电烤炉、烤盘、台式多功能搅拌机、硅胶模板、粉筛、勺子、面棍、小号不锈钢碗、油刷、不粘烤布、抹刀、秤等。

②原料：低筋面粉、蛋清、黄油、白糖、椰蓉、果酱等。

注意事项：工作前检查设备工具是否完好齐全，做好清洁卫生工作。

2）制作过程

（1）称量原料

椰蓉薄饼原料及参考用量表

<table>
<tr><th colspan="2">原 料</th><th>烘焙百分比 /%</th><th>参考用量 /g</th><th>说 明</th></tr>
<tr><td rowspan="5">主料</td><td>低筋面粉</td><td>100</td><td>100</td><td>—</td></tr>
<tr><td>蛋清</td><td>250</td><td>250</td><td rowspan="5">以低筋面粉为基数计算</td></tr>
<tr><td>黄油</td><td>150</td><td>150</td></tr>
<tr><td>白糖</td><td>225</td><td>225</td></tr>
<tr><td>椰蓉</td><td>450</td><td>450</td></tr>
<tr><td>点缀原料</td><td>果酱</td><td>—</td><td>适量</td></tr>
</table>

注意事项：在称量原料时一定要将比例算准确，面粉必须过筛，除去颗粒及杂质。

（2）调制面糊

操作方法：

①将黄油放入搅拌机中，用中速充分搅拌 5 分钟，使黄油乳化色白。

②加入白糖搅拌均匀，再分 2 ～ 3 次加入蛋清搅拌均匀。

③将搅拌机调至慢速，加入低筋面粉和椰蓉搅拌均匀即成面糊。

注意事项：

①注意原料的投放顺序，不可颠倒，否则会影响成品质量。

②搅拌原材料时，中速低速均可，关键是乳化过程中膨松度的把握，不可过度打发，否则影响成型。

（3）挤制成型

操作方法：把高温布垫在烤盘上，放上硅胶模板，用一个小汤匙舀起面糊，将面糊堆在模板的孔洞中，用抹刀将面糊摊平压实，将模板取出即可。

注意事项：面糊调好后可用抹刀摊平，压实，要使面糊均匀地填满模板孔洞，也可用手沾水来压制成型。

（4）烘烤成熟

操作方法：生坯放入烤炉内烘烤，炉温上火 160 ℃，下火 140 ℃，烘烤 8 ~ 10 分钟，面包呈浅棕色即可取出。

注意事项：正确安全地使用电烤炉，小心其漏电及被烫伤。薄饼冷却后要马上装入密封罐或包装封口，避免受潮变软。

【任务考核】

学员以 6 人为一个小组合作完成椰蓉薄饼制作技能训练。参照制作过程、操作方法及注意事项进行练习，共同探讨椰蓉薄饼的制作并完成训练进度表。

训练内容	训练重点	时间记录	训练效果	改进措施
椰蓉薄饼的制作	准备工作			
	面糊调制			
	挤制成型			
	烘烤成熟			
	安全卫生			

【任务评价】

以小组为单位，由组长组织，教师指导，按下表中的要求做出相应的组内评价和小组互评，通过讨论给出任务完成效果等级。

评价项目	序　号	评价要点	组内评价	小组互评	教师评价
椰蓉薄饼的制作	1	面糊的软硬程度是否适度	A 达标 /B 不达标	A 达标 /B 不达标	A 达标 /B 不达标
	2	整体形态一致、造型美观	A 达标 /B 不达标	A 达标 /B 不达标	A 达标 /B 不达标
	3	口感酥、松、香、脆	A 达标 /B 不达标	A 达标 /B 不达标	A 达标 /B 不达标
	4	外形适当点缀	A 达标 /B 不达标	A 达标 /B 不达标	A 达标 /B 不达标

续表

评价项目	序 号	评价要点	组内评价	小组互评	教师评价
椰蓉薄饼的制作	5	60分钟内完成制品制作	A达标/B不达标	A达标/B不达标	A达标/B不达标
	6	食品卫生	A达标/B不达标	A达标/B不达标	A达标/B不达标
	7	完成任务效果	优秀：≥4A 合格：3A 不合格：＜3A	优秀：≥4A 合格：3A 不合格：＜3A	优秀：≥4A 合格：3A 不合格：＜3A

【任务拓展】

①可将椰蓉面糊冷藏30分钟后，用手搓成小圆球，再放入冰箱冷藏15分钟，取出，在小圆球表面刷一层蛋黄，入炉烘烤10～15分钟即成黄金椰丝球。

②把椰蓉换成芝麻或杏仁可制作芝麻薄饼或杏仁薄饼。

【任务反思】

完成该项任务，思考是否掌握以下技能：

①为什么制作薄饼的鸡蛋不能打发?

②调制面糊时面粉加入后搅拌时间能否过长？为什么?

③夏天面糊调好后，面糊要怎样处理才方便成型?

④薄饼的成型应选用怎样的方法才是最符合成品要求的?

1.加入低筋面粉后能否长时间搅拌？为什么?

2.夏天调好的面糊怎样处理才方便成型?

3.用文字叙述椰蓉薄饼的制作过程及制作关键。

项目实训——小西饼的制作

一、布置任务

1.小组活动：根据小西饼的制作方法，依据本地的特色物产，小组成员讨论制作一款有特色的西饼。

2.个人完成：实习报告册的撰写。

3.小组完成：小组成员根据岗位的需求分工完成品种的制作。

二、实训准备

1.小组长完成原料单的填写。

2. 小组成员负责设施设备的检查和准备。

三、实训步骤

1. 小组长根据岗位的需求将任务细化，分配给小组成员。
2. 各小组成员在规定的时间内完成产品制作。
3. 各小组做好各项工作记录，填写评价表。

四、小组评价

1. 制作小西饼应掌握哪些知识？
2. 制作一款合格的小西饼应掌握哪些制作步骤？
3. 制作小西饼应掌握的技术要领有哪些？
4. 产品送评，请老师和其他小组成员品尝及点评。

五、综合评价

综合评价包括制作评价和个人能力评价。主要项目如下：

1. 小西饼制作评价。

小西饼制作评价表

评价项目	序　号	评价要点	组内评价	小组互评	教师评价
小西饼的制作	1	面糊的软硬程度是否适度	A 达标 /B 不达标	A 达标 /B 不达标	A 达标 /B 不达标
	2	整体形态一致、造型美观	A 达标 /B 不达标	A 达标 /B 不达标	A 达标 /B 不达标
	3	口感酥、松、软、香	A 达标 /B 不达标	A 达标 /B 不达标	A 达标 /B 不达标
	4	外形适当点缀	A 达标 /B 不达标	A 达标 /B 不达标	A 达标 /B 不达标
	5	安全卫生	A 达标 /B 不达标	A 达标 /B 不达标	A 达标 /B 不达标
	6	80 分钟内完成成品制作	A 达标 /B 不达标	A 达标 /B 不达标	A 达标 /B 不达标
	7	完成任务效果	优秀：≥ 4A 合格：3A 不合格：＜ 3A	优秀：≥ 4A 合格：3A 不合格：＜ 3A	优秀：≥ 4A 合格：3A 不合格：＜ 3A

2. 个人能力评价。

个人能力评价表

内　容			评　价	
学习目标		评价项目	小组评价	教师评价
知识	应知应会	1. 基本原料的选择及使用	A. 优　B. 良 C. 一般	A. 优　B. 良 C. 一般

续表

内容			评价	
学习目标		评价项目	小组评价	教师评价
知识	应知应会	2. 各种原料的性能	A. 优 B. 良 C. 一般	A. 优 B. 良 C. 一般
专业能力	应会	1. 熟悉小西饼的制作流程及工艺	A. 优 B. 良 C. 一般	A. 优 B. 良 C. 一般
		2. 掌握小西饼的制作技术要领	A. 优 B. 良 C. 一般	A. 优 B. 良 C. 一般
		3. 掌握烘焙技术	A. 优 B. 良 C. 一般	A. 优 B. 良 C. 一般
通用能力	团队组织、合作能力	合理分配细化任务	A. 优 B. 良 C. 一般	A. 优 B. 良 C. 一般
	沟通、协调能力	同学间的交流	A. 优 B. 良 C. 一般	A. 优 B. 良 C. 一般
	解决问题能力	突发事件的处理	A. 优 B. 良 C. 一般	A. 优 B. 良 C. 一般
	自我管理能力	卫生安全	A. 优 B. 良 C. 一般	A. 优 B. 良 C. 一般
	创新能力	品种变化	A. 优 B. 良 C. 一般	A. 优 B. 良 C. 一般
态度	爱岗敬业	态度认真	A. 优 B. 良 C. 一般	A. 优 B. 良 C. 一般
个人努力方向与建议				

项目 13

泡芙的制作

泡芙是以水或牛奶加黄油煮沸后烫制面粉，再加入鸡蛋，通过挤糊、烘烤、填馅等工艺制成的一类点心。

泡芙一般分为圆形和长条形两种，随着现在人们对美的艺术欣赏以及工艺的不断改进，泡芙的形状工艺有所变化，从简单的图形到阿拉伯数字形再到各种组合图形，应有尽有。

泡芙外表松脆，色泽金黄，有花纹，形状美观。其本身没有任何味道，主要靠各种馅心来调节口味。常用的有鲜奶油、吉士酱、布丁、巧克力、奶黄馅等甜香嫩滑的馅心。

任务1 奶油泡芙的制作

【学习目标】

★掌握奶油泡芙制作方法、成型方法、馅心的制作。

★区分并选用泡芙制作的常用原料。

★运用同样的面团，通过馅心、表皮和成型方法的变化，制作出不同口味和花样的泡芙。

★熟练并安全使用西饼房设备工具。

【任务描述】

有一则关于泡芙的传说，讲的是农场主的女儿与放牧的小伙子相恋，遭到农场主的反对的故事。农场主告诉他们，如果他们能把牛奶装进蛋里，就让他们在一起。后来这对情侣做出了外表和鸡蛋壳一样，里面是结冻了的牛奶的点心，这个点心得到了农场主的认可。小伙子名字第一个发音是泡，姑娘名字最后一个发音是芙，于是点心就被命名为泡芙。奶油泡芙是西点中最常见的品种之一，具有色泽金黄、香甜可口的特点。

【任务分析】

13.1.1 主要制作原料分析

①低筋面粉：制作奶油泡芙的主要原料是低筋面粉。低筋面粉除含蛋白质外，还含70%以上的淀粉，在水及温度的作用下发生膨胀和糊化，蛋白质变性凝固，形成胶黏性很强的面团，当面糊烘焙膨胀时，能包裹住气体并随之膨胀，从而达到成品疏松体大的效果。

②油脂：种类很多。制作泡芙宜选用油性大、熔点低的油脂，如黄油、色拉油等。

③鸡蛋：宜选用新鲜鸡蛋。鸡蛋可用于调节面糊的稠度。

④水：充足的水分是淀粉糊化的条件之一。在烘烤过程中，水分的蒸发是泡芙体积膨胀的重要因素之一。

⑤盐：主要是调节和突出泡芙的风味，也有增强面糊韧性的作用，是制作泡芙的辅助原料。

13.1.2 制作过程分析

制作奶油泡芙一般需经过准备工作、称量原料、调制面糊、挤制成型、烘烤成熟和填馅装饰等步骤。

具体操作方法与注意事项如下。

1）准备工作

①设备用具：远红外线电烤炉、烤盘、电磁炉、不锈钢锅、台式多功能搅拌机、中号平口裱花嘴、裱花袋、剪刀、粉筛、勺子、面棍、小号不锈钢碗、油刷、量杯等。

②原料：低筋面粉、鸡蛋、黄油、植脂鲜奶油、水、盐和黑巧克力、杏仁片等。

注意事项：工作前检查设备工具是否完好齐全，做好清洁卫生工作。

2）制作过程

（1）称量原料

奶油泡芙原料及参考用量表

原料		烘焙百分比/%	参考用量/g	说明
奶油泡芙坯	低筋面粉	100	120	—
	鸡蛋	166	200	以低筋面粉为基数计算
	黄油	75	90	
	水	166	200	
	盐	0.8	1	
馅心	植脂鲜奶油	—	250	
装饰	黑巧克力、杏仁片	—	适量	

注意事项：在称量原料时一定要将比例算准确。

（2）调制面糊

操作方法：将水、黄油一起放入锅内烧沸，然后将低筋面粉倒入锅内并让其在水面上漂浮 5 ~ 10 秒，再用小面棍将其迅速搅匀成为熟面团。将熟面团倒入搅拌机内，趁热分 3 ~ 5 次加入鸡蛋，搅拌均匀成面糊状即可。

注意事项：面团一定要烫熟、烫透，否则影响起发度。

（3）挤制成型

操作方法：在烤盘里先刷上一层薄油，并撒上少许面粉，或垫高温油布。将面糊装入平口裱花袋里，在烤盘中挤成直径为 5 cm 的实心圆球。

注意事项：挤制生坯入盘时，应掌握好生坯的间距，防止粘在一起。挤制成型时生坯的大小要均匀。

（4）烘烤成熟

操作方法：将生坯入烤炉烘烤，上火 220 ℃，下火 180 ℃，烤 15 ~ 20 分钟，烤至金黄色即可。

注意事项：正确安全地使用电烤炉，小心漏电及烫伤。

（5）填馅装饰

操作方法：在泡芙底部或旁边捅一个洞，用平口裱花嘴将奶油灌入洞中。最后在泡芙表

面粘上黑巧克力、撒上杏仁片装饰即可。

注意事项：填馅是最后一个环节，要注意卫生；填馅要适量，以防造成馅心外溢。

【任务考核】

学员以6人为一个小组合作完成奶油泡芙制作技能训练。参照制作过程、操作方法及注意事项进行练习，共同探讨泡芙的制作并完成训练进度表。

训练内容	训练重点	时间记录	训练效果	改进措施
奶油泡芙的制作	准备工作			
	面糊调制			
	挤制成型			
	烘烤成熟			
	填馅装饰			

【任务评价】

以小组为单位，由组长组织，教师指导，按下表中的要求做出相应的组内评价和小组互评，通过讨论给出任务完成效果等级。

评价项目	序　号	评价要点	组内评价	小组互评	教师评价
奶油泡芙的制作	1	面糊的软硬程度是否适度	A达标/B不达标	A达标/B不达标	A达标/B不达标
	2	整体形态一致、造型美观	A达标/B不达标	A达标/B不达标	A达标/B不达标
	3	口感酥、松、软、香	A达标/B不达标	A达标/B不达标	A达标/B不达标
	4	外形适当点缀	A达标/B不达标	A达标/B不达标	A达标/B不达标
	5	80分钟内完成制品制作	A达标/B不达标	A达标/B不达标	A达标/B不达标

续表

评价项目	序　号	评价要点	组内评价	小组互评	教师评价
奶油泡芙的制作	6	完成任务效果	优秀：≥ 4A 合格：3A 不合格：＜ 3A	优秀：≥ 4A 合格：3A 不合格：＜ 3A	优秀：≥ 4A 合格：3A 不合格：＜ 3A

【任务拓展】

用同样的面团，选用不同的馅心或表皮，可以做出不同花样或口味的泡芙。

[**例 1**] 制作吉士忌廉馅泡芙。

制作过程：

①将 120 g 鲜奶、45 g 糖、2 g 盐搅拌均匀，用中火煮至 90 ℃。

②将 15 g 鸡蛋、6 g 粟粉、6 g 面粉搅拌均匀，加入煮热的鲜奶液中，用蛋抽快速搅拌，然后放在小火上继续边搅拌边煮至凝固。

③加入 5 g 奶油搅均匀，煮至沸腾，离火冷却即可。

④将冷却好的馅心用平口裱花袋灌进泡芙内即可。

[**例 2**] 制作港式菠萝泡芙。

制作过程：

①将 50 g 黄油和 88 g 白糖搅拌至白糖 7 成溶化。

②再将 10 g 鸡蛋、5 g 奶粉和 0.4 g 臭粉加入拌匀。

③最后加入面粉和奶粉，慢速搅拌均匀，不能起筋，合成菠萝皮面团。

④将和好的菠萝皮下剂用刀背压成薄皮覆盖在挤好的泡芙生坯表面，入烤炉烘烤成熟即可。

【任务反思】

完成该项任务，思考是否掌握以下技能：

①能够区分市场销售的面粉品种，独立采购符合制作泡芙的面粉。

②已经记录下泡芙和面团质量等技术指标。

③可以举一反三，独立制作 2 ～ 3 款不同馅心或造型的泡芙品种。

1. 制作奶油泡芙为什么要选用低筋面粉？

2. 在制作奶油泡芙的过程中，调制面糊时为什么要趁热加入鸡蛋液？

任务2 油炸泡芙的制作

【学习目标】

★掌握油炸泡芙成型的方法。

★将同样的面团按照成型方法进行变化，制作出不同口味或不同花样的泡芙。

★能够熟练并安全使用西饼房设备工具。

【任务描述】

油炸泡芙是将调好的泡芙面糊用餐勺或挤袋加工成长条形或圆形，入油锅炸制呈金黄色后捞出，沥干油分，趁热撒上或蘸上所需调料、装饰料（如玉桂糖、巧克力、糖粉等）而制成的一道美味西点。油炸泡芙具有外表松脆、色泽金黄、形状美观、香甜可口等特点。

【任务分析】

13.2.1 制作要领分析

①泡芙面糊的起发是由面糊中各种原料的特性及面坯特殊制作工艺——烫制面团决定的。

②高筋面粉有很强的筋力和韧性，可以加大面糊吸收水或蛋的量。当蛋量充足，可使泡芙有更强的膨胀能力。若蛋量不足，则会使泡芙膨胀能力受阻，面团会因面糊过硬而无法扩张导致泡芙体积更小。

③检验面糊稠度的方法是：用勺将面糊舀起，当糊能均匀缓慢地向下流时，即达到质量要求。若糊流得过快，说明面糊太稀，相反，则说明鸡蛋不够。

④炸泡芙时一般用挤袋加工成长条形，放入五六成热的油锅里，慢慢炸制，等待制品呈金黄色后捞出，沥干油分，趁热撒上或蘸上所需调料、装饰料（如玉桂糖、巧克力、糖粉等）。

13.2.2 制作过程分析

制作油炸泡芙一般需通过准备工作、称量原料、烫面、面糊搅拌、挤制成型、炸制成熟和点缀装饰等步骤。

具体操作方法与注意事项如下：

1）准备工作

①设备用具：电磁炉、不锈钢锅、台式多功能搅拌机、中号平口裱花嘴、裱花袋、剪刀、粉筛、勺子、面棍、小号不锈钢碗、台秤、油锅等。

②原料：高筋面粉、鸡蛋、黄油、盐、水、白糖、玉桂粉等。

注意事项：工作前检查设备工具是否完好齐全，做好清洁卫生工作。

2）制作过程

（1）称量原料

炸泡芙原料及参考用量表

原料		参考用量/g
炸泡芙坯	高筋面粉	120
	鸡蛋	200
	黄油	90
	水	200
	盐	1
装饰原料	白糖	100
	玉桂粉	5

注意事项：在称量原料时一定要准确，面粉一定要过筛。

（2）烫面

操作方法：将水、黄油一起放入锅内烧沸，然后将高筋面粉倒入锅内并让其在水面上漂浮5～10秒，再用小面棍将其迅速搅匀成为熟面团。

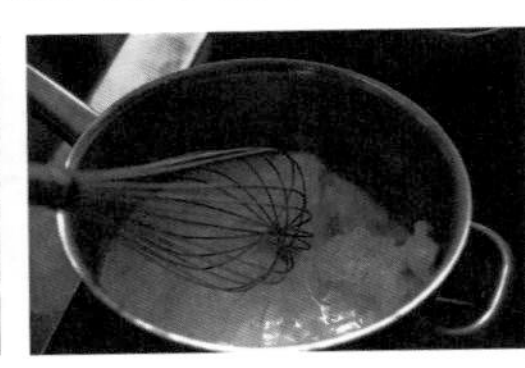
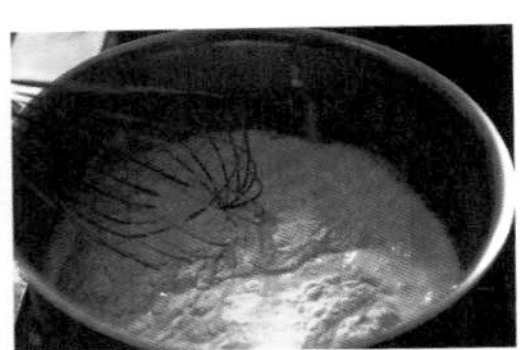

注意事项：面粉一定要在水面上漂浮，然后再搅拌。面糊一定要烫熟，否则，面团吃蛋少，影响起发度。泡芙糊一定要炒干，也就是面团开始粘锅并在底部结出薄膜时，炒得不到位的泡芙糊因为水分较多，很容易在烘烤出炉时塌陷。

（3）面糊搅拌

操作方法：将熟面团倒入搅拌机内，趁热分3～5次加入鸡蛋，搅拌均匀成面糊即可。

注意事项：在面糊中要分次加入鸡蛋，而且要搅拌均匀，不要有颗粒状的面团，而是要搅拌成顺滑细腻的面糊。

（4）挤制成型

操作方法：将面糊装入裱花袋里，用裱花袋把面糊挤入180 ℃的热油中炸制，要注意在面糊之间留出比较大的空隙防止相互粘连。

注意事项：挤制生坯入锅时，应掌握好生坯的间距，防止生坯粘在一起；挤制时注意生坯的大小要均匀。

（5）炸制成熟

操作方法：用180 ℃的油温进行炸制，当制品炸至外表呈金黄色、熟透后，即可起锅，并沥干油装盘即可。

注意事项：

①掌握油温很重要，油温太高容易使泡芙急速焦黑，油温太低容易使泡芙吃油过多。

②炸制时要不时地翻动，以免泡芙上色不均。

③注意安全，防止被油锅烫伤。

（6）点缀装饰

操作方法：

①调制玉桂糖。将白糖和玉桂粉放入不锈钢碗里，并用勺子拌匀，即成玉桂糖。

②制品蘸糖。将已炸制好的泡芙放入碗中并蘸上玉桂糖，点缀装饰即可。

注意事项：蘸糖是最后一个环节，蘸糖要适量，不可过多，以防影响口感，还要注意卫生。

【任务考核】

学员以6人为一个小组合作完成油炸泡芙制作技能训练。参照制作过程、操作方法及注意事项进行练习，共同探讨油炸泡芙的制作并完成训练进度表。

训练内容	训练重点	时间记录	训练效果	改进措施
油炸泡芙的制作	准备工作			
	烫面			
	面糊搅拌			
	挤制成型			
	炸制成熟			
	外表装饰			
	安全卫生			

【任务评价】

以小组为单位，由组长组织，教师指导，按下表中的要求做出相应的组内评价和小组互评，讨论给出任务完成效果等级。

评价项目	序　号	评价要点	组内评价	小组互评	教师评价
油炸泡芙的制作	1	面糊的软硬程度是否适度	A 达标 /B 不达标	A 达标 /B 不达标	A 达标 /B 不达标
	2	整体形态一致、造型美观	A 达标 /B 不达标	A 达标 /B 不达标	A 达标 /B 不达标
	3	口感酥、松、软、香	A 达标 /B 不达标	A 达标 /B 不达标	A 达标 /B 不达标
	4	外形适当点缀	A 达标 /B 不达标	A 达标 /B 不达标	A 达标 /B 不达标
	5	食品卫生	A 达标 /B 不达标	A 达标 /B 不达标	A 达标 /B 不达标
	6	80 分钟内完成制品制作	A 达标 /B 不达标	A 达标 /B 不达标	A 达标 /B 不达标
	7	完成任务效果	优秀：≥ 4A 合格：3A 不合格：＜ 3A	优秀：≥ 4A 合格：3A 不合格：＜ 3A	优秀：≥ 4A 合格：3A 不合格：＜ 3A

【任务拓展】

①同样的面团，选用不同的成型方法，可以制作出不同花样的泡芙。

②泡芙的成熟方法有两种，一是炸制成熟，另一种是烘烤成熟。请用烘烤成熟的方法制作一款泡芙成品。

【任务反思】

完成该项任务，思考是否已掌握以下技能：

①为什么烫面时一定要烫熟、烫透？原理是什么？

②制作油炸泡芙应掌握的技能要领有哪些？

③制作一款合格的油炸泡芙应掌握哪些制作过程？

1. 制作一款精美的油炸泡芙需要注意哪些事项？

2. 用文字描述制作油炸泡芙的用量、操作方法。

项目实训——泡芙的制作

一、布置任务

1. 小组活动：根据泡芙的制作方法，依据本地的特色物产，小组成员讨论制作一款有特

色的泡芙。

2. 个人完成：实习报告册的撰写。

3. 小组完成：小组成员根据岗位的需求分工完成品种的制作。

二、实训准备

1. 小组长完成原料单的填写。
2. 小组成员负责设施设备的检查和准备。

三、实训步骤

1. 小组长根据岗位的需求将任务细化，分配给小组成员。
2. 各小组成员在规定的时间内完成产品制作。
3. 各小组做好各项工作记录，填写评价表。

四、小组评价

1. 制作泡芙应掌握哪些知识？
2. 制作一款合格的泡芙主要掌握哪些制作步骤？
3. 制作泡芙应掌握哪些技能要领？
4. 产品送评，请老师和其他小组成员品尝及点评。

五、综合评价

综合评价包括制作评价和个人能力评价。主要项目如下：

1. 泡芙制作评价。

泡芙制作评价表

评价项目	序　号	评价要点	组内评价	小组互评	教师评价
泡芙的制作	1	面糊的软硬程度是否适度	A 达标 /B 不达标	A 达标 /B 不达标	A 达标 /B 不达标
	2	整体形态一致、造型美观	A 达标 /B 不达标	A 达标 /B 不达标	A 达标 /B 不达标
	3	口感酥、松、软、香	A 达标 /B 不达标	A 达标 /B 不达标	A 达标 /B 不达标
	4	外形适当点缀	A 达标 /B 不达标	A 达标 /B 不达标	A 达标 /B 不达标
	5	食品卫生	A 达标 /B 不达标	A 达标 /B 不达标	A 达标 /B 不达标
	6	80 分钟内完成成品制作	A 达标 /B 不达标	A 达标 /B 不达标	A 达标 /B 不达标
	7	完成任务效果	优秀：≥ 4A 合格：3A 不合格：＜ 3A	优秀：≥ 4A 合格：3A 不合格：＜ 3A	优秀：≥ 4A 合格：3A 不合格：＜ 3A

2. 个人能力评价。

个人能力评价表

<table>
<tr><th colspan="3">内　容</th><th colspan="2">评　价</th></tr>
<tr><td colspan="2">学习目标</td><td>评价项目</td><td>小组评价</td><td>教师评价</td></tr>
<tr><td rowspan="2">知识</td><td rowspan="2">应知</td><td>1. 泡芙的类型、成型方法</td><td>A. 优　B. 良
C. 一般</td><td>A. 优　B. 良
C. 一般</td></tr>
<tr><td>2. 制作泡芙原料的选用及处理</td><td>A. 优　B. 良
C. 一般</td><td>A. 优　B. 良
C. 一般</td></tr>
<tr><td rowspan="3">专业
能力</td><td rowspan="3">应会</td><td>1. 熟悉泡芙的制作流程及工艺</td><td>A. 优　B. 良
C. 一般</td><td>A. 优　B. 良
C. 一般</td></tr>
<tr><td>2. 掌握泡芙的制作技术要领</td><td>A. 优　B. 良
C. 一般</td><td>A. 优　B. 良
C. 一般</td></tr>
<tr><td>3. 掌握烘焙技术</td><td>A. 优　B. 良
C. 一般</td><td>A. 优　B. 良
C. 一般</td></tr>
<tr><td rowspan="4">通用
能力</td><td>团队组织、合作能力</td><td>合理分配细化任务</td><td>A. 优　B. 良
C. 一般</td><td>A. 优　B. 良
C. 一般</td></tr>
<tr><td>沟通、协调能力</td><td>同学间的交流</td><td>A. 优　B. 良
C. 一般</td><td>A. 优　B. 良
C. 一般</td></tr>
<tr><td>解决问题能力</td><td>突发事件的处理</td><td>A. 优　B. 良
C. 一般</td><td>A. 优　B. 良
C. 一般</td></tr>
<tr><td>自我管理能力</td><td>卫生安全</td><td>A. 优　B. 良
C. 一般</td><td>A. 优　B. 良
C. 一般</td></tr>
<tr><td>通用
能力</td><td>创新能力</td><td>品种变化</td><td>A. 优　B. 良
C. 一般</td><td>A. 优　B. 良
C. 一般</td></tr>
<tr><td>态度</td><td>爱岗敬业</td><td>态度认真</td><td>A. 优　B. 良
C. 一般</td><td>A. 优　B. 良
C. 一般</td></tr>
<tr><td>个人努力
方向与建议</td><td colspan="4"></td></tr>
</table>

项目 14

挞派点心的制作

从面皮材料来看，挞与派可以使用同一种面皮，很多人认为小一点的叫挞，大一点的叫派。其实不然，挞通常底部有皮，面皮含水量极少，常常配以奶油和新鲜水果，色彩艳丽。派则大多数是底部和表面都有皮，面皮含水量多，面皮熟制后会收缩，常常填入各种馅料后盖上面皮烘烤而成。但不管如何区分，大家还是把挞看作派的一种。挞与派一般是自助餐、聚会、零点餐厅、欧美家庭中的常用甜点。

任务1 蛋挞的制作

【学习目标】

★了解、掌握蛋挞面皮制作知识。
★熟悉各种蛋挞馅料的构成要素。
★掌握基本蛋挞的制作。

【任务描述】

早在中世纪，蛋挞就成了人们生活中不可缺少的一种美食。它从欧洲传入我国，由外层的酥皮和里面的蛋糖心组成。其具有外形小巧、金黄酥脆和馅心滑嫩香甜的特点，因此蛋挞对原料的选择和制作的手法都有严格的要求。

【任务分析】

蛋挞面皮属于清酥面皮，利用面皮包裹住油脂，经过多次擀制，形成层次分明的面皮。简单地说，蛋挞是以油酥面团为坯料，借助模具，通过制坯、烘烤、装饰等工艺而制成的内有馅料的一类较小型的点心，其形状可随模具的变化而变化，外形多以水果精心点缀而成。

14.1.1 制作用料分析

①制作蛋挞一般选用低筋面粉或中筋面粉，如果面粉筋度过高，调制好的面团在整形过程中容易出筋，使产品在烘烤过程中易产生收缩现象。

②油脂选用低熔点的固态油，常用的有猪油、黄油、人造黄油、起酥油等。

③水作为湿性原料，具有促进面团形成的作用。

④鸡蛋在油酥面团中主要作为水分供应原料，促进面粉成团，同时蛋黄的乳化作用有利于油水乳化，使面团性质保持一致。

⑤糖不仅可以赋予蛋挞皮甜味，加强风味，而且糖具有的反水化作用可以限制面筋生成，促进制品酥松质感的形成。

14.1.2 制作过程分析

制作蛋挞一般需经过准备工作、称量原料、面皮制作、开酥、模具成型、蛋糖水制作、烘烤等步骤。

具体操作方法与注意事项如下：

1）准备工作

①设备用具：远红外线电烤炉、烤盘、通心槌、秤、耐高温锡纸盏、圆吸、不锈钢筛等。

②原料：低筋面粉、黄油、鸡蛋、白糖、牛奶、包裹用酥油、盐、水等。

注意事项：工作前检查设备工具是否完好齐全，选用的原料一定要新鲜，器具一定要干净。

2）制作过程

（1）称量原料

蛋挞原料及参考用量表

原　料		烘焙百分比 /%	参考用量 /g	说　明
蛋挞（皮料）	低筋面粉	100	500	—
	盐	2	10	以低筋面粉为基数计算
	黄油	15	75	
	水	50	250	
	包裹用酥油	60	300	
蛋挞（蛋糖水）	鸡蛋	80	400	
	水	100	500	
	白糖	40	200	
	牛奶	24	120	

注意事项：在称量原料时一定要将比例算准确。

（2）面皮制作

操作方法：

①调制面皮：低筋面粉与盐混合，置于案台上，开窝，加入融化的黄油和水，揉搓成光滑的面团，静置 15 分钟，然后将面团擀成一个长方形（长 6 cm× 宽 3 cm），放入冰箱冷藏 25 ~ 30 分钟。

②调制酥心：将黄油揉软，用保鲜膜包住，用擀面杖敲打至平整的长方形（长 3 cm× 宽 1.5 cm），放入冰箱冷藏 25 ~ 30 分钟。

注意事项：调制面皮时要使面皮稍软些，易于包黄油后的擀制。面皮与酥心冷藏的时间根据原料的多少来调节，冷藏好的两种面团要求软硬度一致。

（3）开酥、模具成型

操作方法：

①开酥：取出水皮面团和酥心面团，把酥心放在面皮上，用水皮面团包住酥心，压紧边缘。用擀面杖擀成长方形，折叠成均匀的三等份。再将面团擀成长方形，对折成四等份，再擀开成长方形，再折叠成均匀的三等份，置于冰箱内冷藏 20 分钟，静置松弛。

②模具成型：取出已开好酥的面团，擀成 0.5 cm 厚的薄片，静置 5 分钟，让面皮松弛。准备直径为 5 cm 的锡纸盏，用 8 cm 圆吸印出面皮。将面皮按压于挞盏内，备用。

注意事项：

①挞皮擀制好后除擀成片状用圆吸印出面皮外，还可直接将面皮卷起呈圆柱形，冷藏后用刀横截面切成 0.5 cm 厚的面片使用。

②在夏天擀制面团时，每擀制一次就必须将面团放入冰箱中冷藏 10 ~ 15 分钟才进行下一次擀制，这样可以避免黄油因天气、擀制时的摩擦力等因素造成的油脂融化而影响成品质量。

③擀制面团时一定要注意力度，确保起酥油分布均匀。

④挞皮放到挞盏后，将边角凸形花纹压实，稍高出盏边，否则烘烤时挞皮会回缩，馅料会溢出。

（4）蛋糖水制作

操作方法：将鸡蛋、白糖、牛奶搅拌均匀，过滤后加入淡奶油再搅拌均匀即可。

注意事项：

①鸡蛋不需要打出气泡。

②调好的鸡蛋一定要过滤，去除泡沫，这样烘烤后表面才光滑、无孔洞。

（5）烘烤

操作方法：将生坯放入烤炉内烘烤，上火 190 ℃，下火 200 ℃，烘烤 20 ~ 23 分钟，烘烤至面皮酥黄，蛋水凝固即可。

注意事项：

①烤炉要提前预热。

②要在确定可以烘烤时才加入蛋糖水。

③烘烤时蛋糖水表面适当上色焦化不影响产品口感。

【任务考核】

学员以 6 人为一个小组合作完成蛋挞制作训练。参照操作过程表图示的操作方法及注意事项进行练习，共同探讨蛋挞的制作并完成训练进度表。

训练内容	训练重点	时间记录	训练效果	改进措施
蛋挞的制作	准备工作			
	面皮调制			
	开酥			
	模具成型			
	蛋糖水调制			
	烘烤			
	安全卫生			

【任务评价】

以小组为单位，由组长组织，教师指导，按下表中的要求做出相应的组内评价和小组互评，通过讨论给出任务完成效果等级。

评价项目	序　号	评价要点	组内评价	小组互评	教师评价
蛋挞的制作	1	操作前卫生要求	A 达标 /B 不达标	A 达标 /B 不达标	A 达标 /B 不达标
	2	面皮的制作	A 达标 /B 不达标	A 达标 /B 不达标	A 达标 /B 不达标
	3	开酥、模具成型	A 达标 /B 不达标	A 达标 /B 不达标	A 达标 /B 不达标
	4	蛋糖水的调制	A 达标 /B 不达标	A 达标 /B 不达标	A 达标 /B 不达标
	5	烘烤成熟	A 达标 /B 不达标	A 达标 /B 不达标	A 达标 /B 不达标
	6	完成任务效果	优秀：≥ 4A 合格：3A 不合格：< 3A	优秀：≥ 4A 合格：3A 不合格：< 3A	优秀：≥ 4A 合格：3A 不合格：< 3A

【任务拓展】

挞也可以选用新鲜水果来制作，配以鲜奶油，外酥内滑还有水果味道。

新鲜水果挞制作方法：

①选用事先烤好的挞盏，打发鲜奶油，水果洗净切好。

②在挞盏内用 10 齿剂嘴挤满鲜奶油，装饰上切好的水果，表面刷一层透明果胶即可。

【任务反思】

完成该项任务，思考是否掌握以下技能：

①能完全掌握面皮调制和开酥过程。

②掌握蛋糖水的调制及烘烤要求。

③可以举一反三，独立制作两到三款不同的挞制品。

找找市面上蛋挞的种类，记录各种口感。

任务2 苹果派的制作

【学习目标】

★了解、掌握单酥面皮起酥原理。
★熟悉单酥制品制作方法。
★掌握苹果派的基本制作工艺及要领。

苹果派是一种典型的美式食品。它有各种不同的形状、大小、口味。苹果派是用扁平的圆盘子铺上酥松面皮，填入各种馅料制作而成的一种美食。制作苹果派时，常常会在其表面撒上酥粒或使用格子网状派皮。

【任务描述】

派是由派皮和馅心组合烘烤而成的一种食品，酥软松脆的派皮加上口味独特的馅心使其具有独特的风味。常见的派有两种基本类型：烘烤派类，指将生派皮填入馅料后经过烘烤成熟的一种派；非烘烤派类，指预先烤好派皮，再填入馅料冷藏至馅料凝固的派。

【任务分析】

14.3.1 主要制作原料分析

①面粉：制作派皮最好选用低筋面粉，这样才能使面团易于擀制和成型。
②油脂：常用起酥油，可用黄油代替。
③水：调节派皮软硬度，可用牛奶代替，增加其风味，使制品易于上色。
④盐：主要功能是调味，有软化调节面筋的作用。

14.3.2 制作过程分析

制作苹果派一般需经过准备工作、称量原料、调制派皮、制苹果馅、装模、烘烤等步骤。

具体操作方法与注意事项如下：

1）准备工作

①设备用具：电烤炉、通心槌、秤、派盘、不锈钢筛、叉子、小刀等。
②原料：低筋面粉、黄油、白糖、盐、苹果、玉米淀粉、肉桂粉、水等。
注意事项：工作前检查设备工具是否完好齐全，做好清洁卫生工作。

2）制作过程

（1）称量原料

苹果派原料及参考用量表

原料		烘焙百分比 /%	参考用量 /g	说明
派皮	低筋面粉	100	250	—
	黄油	70	175	以低筋面粉为基数计算
	水	30	75	
	白糖	6	15	
	盐	2	5	
苹果馅	苹果	100	450	—
	黄油	4	20	以苹果为基数计算
	白糖	10	45	
	水	6.7	30	
	玉米淀粉	3.3	15	
	肉桂粉	0.6	3	

注意事项：

①制作面皮要选择低筋面粉，一定要过筛。

②馅心中适量添加豆蔻和柠檬汁，可增加馅心风味。

（2）调制派皮

操作方法：

①面粉过筛，将盐、白糖放入水中溶解备用。

②调制面团：将黄油切粒揉入面粉中，使油脂呈豌豆大小后再放入盐糖溶液，轻轻搅拌至水被完全吸收。将面团盖上保鲜膜，放入冰箱静置 4 小时。

注意事项：面粉与油脂稍微拌一下即可，让油脂呈颗粒状，以保证口感酥松。注意不要过度搅拌，否则会起筋影响成型。

（3）制苹果馅

操作方法：苹果去皮、去核切片，用 30 g 黄油将苹果片煎炒一下，至苹果片变软，加入糖煮至出汁。将水与玉米淀粉混合均匀，加入苹果汁中煮沸，直至其透明变稠，离火，再加入余下的黄油及配料，轻轻搅拌至黄油溶化即可。

注意事项：苹果切薄片，煮时要不时地搅拌，避免焦锅。苹果片不一定要搅碎，煮成浓稠状即可。

（4）装模、烘烤

操作方法：

①成型：将面团取出分成两份，再将面团擀成面积为 20 cm^2 的面皮放入盘中，用面杖将边角压实。

②填馅：将苹果馅平铺在面皮上。取一块面团擀切成 0.3 cm 厚、2.5 cm 宽的面条铺于苹果馅上制成菱形格子，刷上鸡蛋液即成生坯。

③烘烤：将生坯放入烤炉内，上火 210 ℃，下火 220 ℃，烘烤 10 分钟后降低温度至面火 165 ℃，底火 175 ℃，继续烘烤 10 ~ 15 分钟即熟。

注意事项：

①面皮放入派盘后，周边角要压实，但不要抻拽，否则烘烤时面皮会回缩。

②派皮底部要用叉子戳洞，让派皮完全贴住派盘，防止产生气泡。

③烘烤时开始要用高温，让馅料快速凝固，使面皮具有酥脆感。

【任务考核】

学员以 6 人为一个小组合作完成苹果派的制作技能训练。参照制作过程、操作方法及注意事项进行练习，共同探讨苹果派的制作并完成训练进度表。

训练内容	训练重点	时间记录	训练效果	改进措施
苹果派的制作	准备工作			
	派皮的制作			
	苹果馅的制作			
	捏模装馅			
	烘烤成熟			

【任务评价】

以小组为单位，由组长组织，教师指导，按下表中的要求做出相应的组内评价和小组互评，通过讨论给出任务完成效果等级。

评价项目	序　号	评价要点	组内评价	小组互评	教师评价
苹果派的制作	1	操作前卫生要求	A 达标 /B 不达标	A 达标 /B 不达标	A 达标 /B 不达标
	2	派皮的制作	A 达标 /B 不达标	A 达标 /B 不达标	A 达标 /B 不达标
	3	苹果馅的制作	A 达标 /B 不达标	A 达标 /B 不达标	A 达标 /B 不达标
	4	捏模装馅	A 达标 /B 不达标	A 达标 /B 不达标	A 达标 /B 不达标
	5	烘烤成熟	A 达标 /B 不达标	A 达标 /B 不达标	A 达标 /B 不达标
	6	完成任务效果	优秀：≥ 4A 合格：3A 不合格：$<$ 3A	优秀：≥ 4A 合格：3A 不合格：$<$ 3A	优秀：≥ 4A 合格：3A 不合格：$<$ 3A

【任务拓展】

用同样方法，通过更换馅料可制作出新的品种。如用蛋乳泥作为馅料就会制作出蛋乳泥派。蛋乳泥用料及制作：

①将 200 g 牛奶与 25 g 白糖煮沸。

②将蛋黄 8 个、全蛋 4 个、玉米淀粉 16 g 和白糖 25 g 搅拌至光滑。

③把鸡蛋混合液慢慢倒入热牛奶中，边加热边搅拌，沸腾后，熬至稍黏稠，撤火，冷却即可。

【任务反思】

派的制作中常见错误及原因：

①面团硬：面粉筋性太大；搅拌过度；油脂不足；擀制时间太长或使用碎料太多；水分过多。

②未成酥皮状：油脂不足；油脂搅拌过度；面团搅拌过度或擀制时间太久；面团或配料温度过高。

③底层潮湿或不熟：烘烤温度过低；填入热馅料；烘焙时间不够；面团种类选择不当；水果派馅中淀粉量不足。

④面皮收缩：过度揉制面团；油脂不足；面粉筋性太大；水分过多；面团拉扯过多；面团发酵时间不足。

⑤馅料溢出：顶部派皮未留气孔；上下面皮接合处未贴合；烤箱温度过低；水果过酸；填入热馅料；派馅中淀粉量不足；派馅中糖量过多；馅料过多。

利用媒体查询资料，尝试制作其他类型的水果派。

项目实训——挞派的制作

一、布置任务

1. 小组活动：根据挞派的制作方法，依据本地的特色物产，小组成员讨论制作一款有特色的挞、派制品。

2. 个人完成：实习报告册的撰写。

3. 小组完成：小组成员根据岗位的需求分工完成品种的制作。

二、实训准备

1. 小组长完成原料单的填写。

2. 小组成员负责设施设备的检查和准备。

三、实训步骤

1. 小组长根据岗位的需求将任务细化，分配给小组成员。

2. 各小组成员在规定的时间内完成产品制作。

3. 各小组做好各项工作记录，填写评价表。

四、小组评价

1. 制作挞派应掌握哪些知识?
2. 制作一款合格的挞派应掌握哪些制作步骤?
3. 制作挞派应掌握哪些技能要领?
4. 产品送评，请老师和其他小组成员品尝及点评。

五、综合评价

综合评价包括制作评价和个人能力评价。主要项目如下：

1. 蛋挞制作评价。

蛋挞制作评价表

评价项目	序　号	评价要点	组内评价	小组互评	教师评价
蛋挞的制作	1	细腻光滑无颗粒、软硬度合适	A 达标 /B 不达标	A 达标 /B 不达标	A 达标 /B 不达标
	2	层次鲜明、色金黄、色泽均匀、馅料柔软细滑	A 达标 /B 不达标	A 达标 /B 不达标	A 达标 /B 不达标
	3	挞皮酥脆有韧性、味甜香	A 达标 /B 不达标	A 达标 /B 不达标	A 达标 /B 不达标
	4	馅心挤注适中	A 达标 /B 不达标	A 达标 /B 不达标	A 达标 /B 不达标
	5	90 分钟内完成制品	A 达标 /B 不达标	A 达标 /B 不达标	A 达标 /B 不达标
	6	完成任务效果	优秀：≥ 4A 合格：3A 不合格：＜ 3A	优秀：≥ 4A 合格：3A 不合格：＜ 3A	优秀：≥ 4A 合格：3A 不合格：＜ 3A

2. 椰挞制作评价。

椰挞制作评价表

评价项目	序　号	评价要点	组内评价	小组互评	教师评价
椰挞的制作	1	馅心浓香软	A 达标 /B 不达标	A 达标 /B 不达标	A 达标 /B 不达标
	2	挞皮酥松、香甜	A 达标 /B 不达标	A 达标 /B 不达标	A 达标 /B 不达标
	3	大小一致、外形饱满、色泽均匀	A 达标 /B 不达标	A 达标 /B 不达标	A 达标 /B 不达标
	4	馅心挤注适中	A 达标 /B 不达标	A 达标 /B 不达标	A 达标 /B 不达标
	5	90 分钟内完成制品	A 达标 /B 不达标	A 达标 /B 不达标	A 达标 /B 不达标
	6	完成任务效果	优秀：≥ 4A 合格：3A 不合格：＜ 3A	优秀：≥ 4A 合格：3A 不合格：＜ 3A	优秀：≥ 4A 合格：3A 不合格：＜ 3A

3. 苹果派制作评价。

苹果派制作评价表

评价项目	序　号	评价要点	组内评价	小组互评	教师评价
苹果派的制作	1	外形饱满、干净、色金黄	A 达标 /B 不达标	A 达标 /B 不达标	A 达标 /B 不达标
	2	馅料柔软细滑	A 达标 /B 不达标	A 达标 /B 不达标	A 达标 /B 不达标
	3	挞皮酥脆有韧性、厚薄均匀	A 达标 /B 不达标	A 达标 /B 不达标	A 达标 /B 不达标
	4	馅心挤注适中	A 达标 /B 不达标	A 达标 /B 不达标	A 达标 /B 不达标
	5	90 分钟内完成制品	A 达标 /B 不达标	A 达标 /B 不达标	A 达标 /B 不达标
	6	完成任务效果	优秀：≥ 4A 合格：3A 不合格：＜ 3A	优秀：≥ 4A 合格：3A 不合格：＜ 3A	优秀：≥ 4A 合格：3A 不合格：＜ 3A

4. 个人能力评价。

个人能力评价表

内　容			评　价	
学习目标		评价项目	小组评价	教师评价
知识	应知	1. 基本原料的选择及使用	A. 优　B. 良 C. 一般	A. 优　B. 良 C. 一般
		2. 各种原料的性能	A. 优　B. 良 C. 一般	A. 优　B. 良 C. 一般
专业能力	应会	1. 熟悉挞派的制作流程及工艺	A. 优　B. 良 C. 一般	A. 优　B. 良 C. 一般
		2. 掌握挞派的制作技术要领	A. 优　B. 良 C. 一般	A. 优　B. 良 C. 一般
		3. 掌握烘焙技术	A. 优　B. 良 C. 一般	A. 优　B. 良 C. 一般
通用能力	团队组织、合作能力	合理分配细化任务	A. 优　B. 良 C. 一般	A. 优　B. 良 C. 一般
	沟通、协调能力	同学间的交流	A. 优　B. 良 C. 一般	A. 优　B. 良 C. 一般
	解决问题能力	突发事件的处理	A. 优　B. 良 C. 一般	A. 优　B. 良 C. 一般
	自我管理能力	卫生安全	A. 优　B. 良 C. 一般	A. 优　B. 良 C. 一般
	创新能力	品种变化	A. 优　B. 良 C. 一般	A. 优　B. 良 C. 一般

续表

内　容			评　价	
学习目标		评价项目	小组评价	教师评价
态度	爱岗敬业	态度认真	A. 优　B. 良 C. 一般	A. 优　B. 良 C. 一般
个人努力方向与建议				

班戟的制作

班戟又称薄煎饼、热香饼，是一种以面糊在烤盘或平底锅上烹饪制成的薄扁状饼。最早的一份制作食谱可以追溯到15世纪。在国外它只是一张饼，但到了中国香港，饼里面被包上香浓冰凉的奶油和新鲜水果，完美的组合带来的是更多的惊喜，那份入口瞬间即溶的甜蜜，搭配上水果，绝不会让你感觉过腻，吃过了还想再吃。一般在港式甜品店或西餐厅都有卖，多数以榴莲班戟、芒果班戟为主。

任务1 香蕉班戟的制作

【学习目标】

★掌握香蕉班戟的知识及制作方法。
★香蕉班戟煎制成熟的制作方法及要点。
★掌握鲜奶油的搅打方法。

班戟除各种不同的美味馅儿外，人们同样非常喜爱它既薄又具有Q劲儿的表皮。制作香蕉班戟时候，最主要的功夫就花在皮上，只要将皮做好了，裹上打发的鲜奶油和水果，口感无比美味。

【任务描述】

班戟通常使用牛奶、鸡蛋与面粉搅拌而成的非发酵的稀面糊煎制而成，一般很少单独食用，常以各种各样的馅料包裹或铺层，或配以各种甜酱食用。班戟种类千变万化，制作时不受制作者想象力的限制，可任其发挥。小小的嫩黄色的“枕头”里，是丰富雪白的奶油包裹着香甜的香蕉，切下一块送入口中，鲜嫩的奶油和甜美的香蕉充满口腔，香滑四溢，回味无穷。

【任务分析】

15.1.1 制作原料分析

①牛奶：加入后口感更好，更细滑、软嫩。建议选择大品牌产品，要保证食用安全。眼下市面上有些牛奶口感十分香浓，专家认为，鲜奶的“本色”口味清爽纯正，口味不同的牛奶是因为生产厂家在牛奶中加了食品添加剂，满足消费者口味上的需求，但这与牛奶的营养价值无关。

②黄油：是用牛奶加工出来的。把新鲜牛奶加以搅拌之后上层的浓稠状物体滤去部分水分之后的产物。黄油主要用作调味品，营养很好但含脂量很高，不能过量食用。

③鸡蛋：能增加制品的营养价值和香味，使用时宜选用新鲜的鸡蛋。

15.1.2 制作过程分析

制作香蕉班戟一般需经过准备工作、称量原料、调制面皮、煎制面皮和包馅成型等步骤。

具体操作方法与注意事项如下：

1）准备工作

①设备用具：炉灶、不粘平底锅、量杯、大小不锈钢碗、大理石案台、抹刀等。

②原料：高筋面粉、牛奶、色拉油、白糖、鸡蛋、香蕉等。

注意事项：工作前检查设备工具是否完好齐全，一定要做好清洁卫生工作。

2）制作过程

（1）称量原料

香蕉班戟原料及参考用量表

原料		烘焙百分比 /%	参考用量 /g	说明
香蕉班戟	高筋面粉	100	80	—
	牛奶	321	250	以高筋面粉为基数计算
	色拉油	19	15	
	白糖	37	30	
	鸡蛋	125	100	
	香蕉	125	100	

注意事项：在称量原料时一定要将比例算准确。

（2）调制面皮

操作方法：

①先把鸡蛋、白糖、高筋面粉、色拉油放入打蛋桶里打至发白。

②倒入牛奶，搅拌均匀。

③过滤后，放入冰箱冷藏静置2小时，备用。

④用时把浮在上面的泡沫去掉，搅拌均匀。

注意事项：

①鸡蛋不要打发。

②面粉要打至发白。

③调制好的面糊一定要放置 2 小时左右才能使用。

（3）煎制面皮

操作方法：

①先把平底锅烧热，然后加一小勺色拉油，均匀地涂在锅内。再倒入两勺面糊，摊成圆形，将面糊煎至凝固。

②用橡皮铲沿班戟边部挑起，反转倒在大碟上。依次煎好所有的班戟皮。

注意事项：

①使用 7 ~ 8 寸的平底锅，面糊约 30 mL。

②煎面糊时要用小火，不要翻面，确保面皮嫩滑。

（4）包馅成型

操作方法：

①煎好的班戟皮冷却以后，就可以包馅了。

②鲜奶油打发到可以保持花纹的程度。香蕉去皮切长条。

③将班戟皮未煎的一面朝上铺好，在班戟皮上放入适量打发好的鲜奶油，放上一块香蕉，再放上适量打发好的鲜奶油。

④把班戟皮包成四方形，将馅完全包在皮里，翻过来，香蕉班戟就完成了。

⑤做好的班戟需放在冰箱冷藏保存，最好一天之内食用完。

 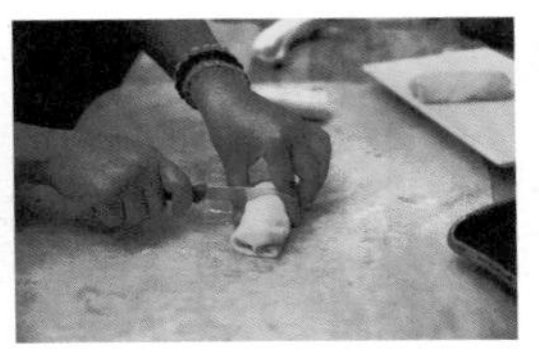 

注意事项：
①室温高时，隔冰打发鲜奶油更容易打硬。
②包馅将嫩滑的一面包在外面，整体会更好看。
③尽量包成正方形。食用时从中间切开。

【任务考核】

学员以 3 人为一个小组合作完成芒果班戟制作技能训练。参照制作过程、操作方法及注意事项进行练习，共同探讨班戟的制作并完成训练进度表。

训练内容	训练重点	时间记录	训练效果	改进措施
香蕉班戟的制作	准备工作			
	面糊的制作			
	班戟的煎制			
	成型			
	装饰			

【任务评价】

以小组为单位，由组长组织，教师指导，按下表中的要求做出相应的组内评价和小组互评，通过讨论给出任务完成效果等级。

评价项目	序　号	评价要点	组内评价	小组互评	教师评价
香蕉班戟的制作	1	面糊的制作	A 达标 /B 不达标	A 达标 /B 不达标	A 达标 /B 不达标
	2	班戟皮的煎制	A 达标 /B 不达标	A 达标 /B 不达标	A 达标 /B 不达标
	3	鲜奶油搅打	A 达标 /B 不达标	A 达标 /B 不达标	A 达标 /B 不达标
	4	成型装饰	A 达标 /B 不达标	A 达标 /B 不达标	A 达标 /B 不达标
	5	60 分钟内完成制品	A 达标 /B 不达标	A 达标 /B 不达标	A 达标 /B 不达标
	6	完成任务效果	优秀：≥ 4A 合格：3A 不合格：< 3A	优秀：≥ 4A 合格：3A 不合格：< 3A	优秀：≥ 4A 合格：3A 不合格：< 3A

【任务拓展】

芒果班戟

原料：低筋面粉 200 g，鸡蛋 1 个，纯鲜牛奶 450 g，白糖 20 g，芒果 1 个，黄油、植物油、果酱、盐适量。

制作过程：方法同香蕉班戟，食用时在表面淋上果酱即可。

注意事项：

①芒果班戟是直接食用的，一定要做好清洁卫生工作。为使芒果班戟有较好的效果，建议在空调房内操作。

②鲜芒果要提前处理，尽量选味甜的，必要时可用罐装芒果。

【任务反思】

完成该项任务，思考是否掌握以下技能：

①调制班戟皮时为什么不能打发鸡蛋？

②为什么调制好的面糊要放置后才能使用？

1. 怎样使班戟皮更有弹性，口感更嫩滑？

2. 收集不同煎制品的煎制时间，统计、归纳成表。

项目实训——班戟的制作

一、布置任务

1. 小组活动：根据班戟的制作方法，依据时令水果，小组成员讨论和制作有特色的班戟。
2. 个人完成：撰写实习报告册。
3. 小组完成：小组成员根据岗位需求分工完成品种的制作。

二、实训准备

1. 小组长完成原料单的填写。
2. 小组成员负责设施设备的检查和准备。

三、实训步骤

1. 小组长根据岗位需求将任务细化，分配给小组成员。
2. 各小组成员在规定的时间内完成产品制作。
3. 各小组做好各项工作记录，填写评价表。

四、小组评价

1. 制作班戟应掌握哪些知识？

2. 制作一款合格的班戟应掌握哪些制作步骤?
3. 制作班戟应掌握哪些技能要领?
4. 产品送评，请老师和其他小组成员品尝及点评。

五、综合评价

综合评价包括制作评价和个人能力评价。主要项目如下。

1. 班戟制作评价。

班戟制作评价表

评价项目	序号	评价要点	组内评价	小组互评	教师评价
班戟的制作	1	原料的选用	A 达标 /B 不达标	A 达标 /B 不达标	A 达标 /B 不达标
	2	面糊的调制	A 达标 /B 不达标	A 达标 /B 不达标	A 达标 /B 不达标
	3	鲜奶油、水果的处理	A 达标 /B 不达标	A 达标 /B 不达标	A 达标 /B 不达标
	4	成型	A 达标 /B 不达标	A 达标 /B 不达标	A 达标 /B 不达标
	5	60 分钟内完成制品	A 达标 /B 不达标	A 达标 /B 不达标	A 达标 /B 不达标
	6	完成任务效果	优秀：≥ 4A 合格：3A 不合格：＜ 3A	优秀：≥ 4A 合格：3A 不合格：＜ 3A	优秀：≥ 4A 合格：3A 不合格：＜ 3A

2. 个人能力评价。

个人能力评价表

内容			评价	
学习目标		评价项目	小组评价	教师评价
知识	应知	1. 基本原料的选择及使用	A. 优 B. 良 C. 一般	A. 优 B. 良 C. 一般
		2. 各种水果的口感	A. 优 B. 良 C. 一般	A. 优 B. 良 C. 一般
专业能力	应会	1. 熟悉班戟的制作流程及工艺	A. 优 B. 良 C. 一般	A. 优 B. 良 C. 一般
		2. 掌握班戟的制作技术要领	A. 优 B. 良 C. 一般	A. 优 B. 良 C. 一般
		3. 依据时令水果制作班戟	A. 优 B. 良 C. 一般	A. 优 B. 良 C. 一般
通用能力	团队组织、合作能力	合理分配细化任务	A. 优 B. 良 C. 一般	A. 优 B. 良 C. 一般
	沟通、协调能力	同学间的交流	A. 优 B. 良 C. 一般	A. 优 B. 良 C. 一般

续表

内容			评价	
学习目标		评价项目	小组评价	教师评价
通用能力	解决问题能力	突发事件的处理	A. 优　B. 良 C. 一般	A. 优　B. 良 C. 一般
	自我管理能力	卫生安全	A. 优　B. 良 C. 一般	A. 优　B. 良 C. 一般
	创新能力	品种变化	A. 优　B. 良 C. 一般	A. 优　B. 良 C. 一般
态度	爱岗敬业	态度认真	A. 优　B. 良 C. 一般	A. 优　B. 良 C. 一般
个人努力方向与建议				

层酥点心的制作

层酥是由面皮和油脂交替组合、互相隔绝，形成有规则的面皮和油脂的层次，受热后面皮中的水分产生水蒸气胀力，将上一层的面皮顶起，依次一层层逐渐胀大，最后油脂受热融化，渗入没有水分的面皮中，上下夹层，使每一层面皮都变成了又酥又松的酥皮，形成了可口而酥松的制品。

同其他产品一样，层酥制品种类繁多，除配方不同外，制作工艺、用油比例、擀制方法、辅助原料的添加、成型方法等都由烘焙师傅调节，故而有句话说“有多少烘焙师傅，就有多少层酥制品”。

任务1　千层蝴蝶酥的制作

【学习目标】

★了解、掌握层酥起层松酥的原理。
★熟悉制作原料性能。
★掌握千层蝴蝶酥的制作方法。

千层蝴蝶酥又叫膨松面点，与丹麦包一样，都属于擀制型面团。也就是由油脂与面皮擀制交替组合而成。经过加热，面团膨胀，形成千张的层次。成品口味醇香，入口即化。

【任务描述】

千层酥皮的原理就是在面团中包住油脂，经过反复折叠（就像叠被子一样），形成数百层的分层。千层酥皮层次分明又香酥可口。千层蝴蝶酥因其造型酷似蝴蝶而得名。

【任务分析】

16.1.1 制作要领分析

①面团的软硬度和起酥油的软硬度尽量一致。

②面团在整形时温度要适宜，操作动作要快，面团在案板上放置的时间太长会变得过软，会增加整形难度，从而影响成品的膨松度和形状的完整。

③烘烤时盖不沾布是为了保证产品在炉内能均匀地膨胀。

16.1.2 制作过程分析

制作千层蝴蝶酥一般需经过准备工作、称量原料、调制面皮、开酥、成型、烘烤等步骤。

具体操作方法与注意事项如下：

1）准备工作

①设备用具：烤炉、冰箱、粉筛、搅拌器、秤、模板、抹刀等。

②原料：高筋面粉、盐、白糖、黄油、水等。

注意事项：工作前检查设备工具是否完好齐全，做好清洁卫生工作。

2）制作过程

（1）称量原料

千层蝴蝶酥原料及参考用量表

原 料		烘焙百分比 /%	参考用量 /g	说 明
水油皮	高筋面粉	100	500	—
	黄油	15	75	以高筋面粉为基数计算
	盐	2	10	
	水	50	250	
油芯	黄油	60	300	
装饰	白糖	30	150	

注意事项：在称量原料时一定要将比例算准确。

（2）调制面皮

操作方法：

①面皮搅拌：将高筋面粉、盐混合均匀，再将黄油融化和水一起加入，充分搅拌至光滑和成面团。

②面团静置：将面团用保鲜膜包好，放入冰箱静置 30 分钟。

③油酥处理：黄油揉搓均匀无颗粒，用保鲜膜包好，压成长方形，放入冰箱静置 20 分钟。

注意事项：

①面团要柔软，调好后应静置 20 分钟以上方可使用。

②面团揉搓至均匀光滑即可，否则面团会太有弹性而不好操作。

③水油面团的软硬度要接近黄油的硬度，这样折叠时就不易透油，便于操作，烘烤后层次才会清晰。

（3）开酥

操作方法：擀制起酥，取出面团，擀成长方形（油酥的一倍）。将油酥放在面团中间，用面皮完全包起。用擀面杖轻轻击打面团中段，使油酥均匀分布，与千层面包擀制方法一样将面团擀成约 1.5 cm 厚的长方形，去掉多余的干粉，均匀地折成三折，再将面团擀成长方形，按此方法折叠 2 次，就能擀出近 900 层。

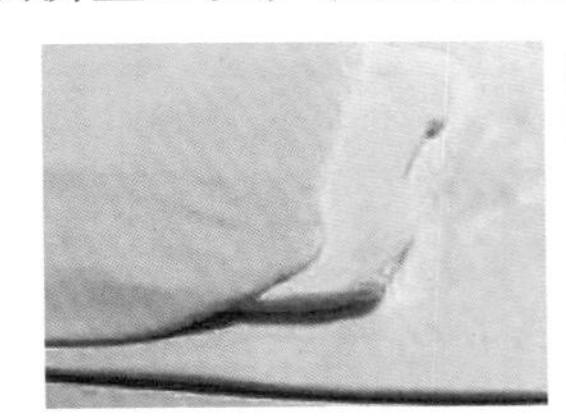 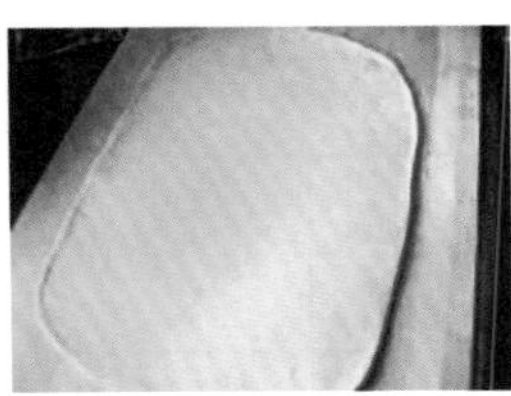 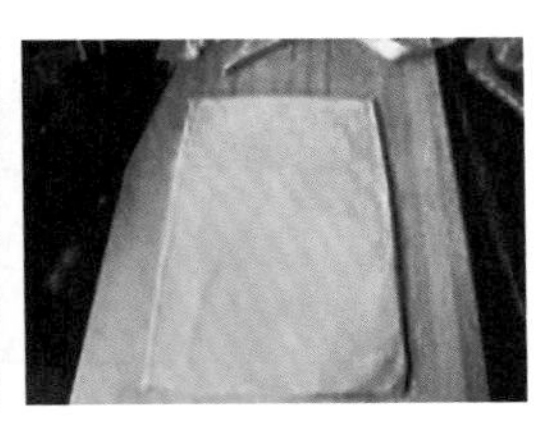

注意事项：

①擀制时所用油脂占面粉的 50% ~ 100%。如油脂加入量不够，面团膨松程度会下降或膨松得不均匀。

②擀制时双手用力要一致，若天气炎热或室温高，应擀一层后就马上放入冰箱冷藏一下，然后再继续制作。

③面团一定要静置松弛后再进行擀制，否则面筋网络易断，油酥分布不均匀。

④包油酥时除将面团擀成长方形包外，还可以擀成十字形再包或用无缝包法包裹酥油。

（4）成型、烘烤

操作方法：

①修整成型：在案台上撒一层白糖，将面皮擀成 5 cm 的长方形。用刀将面皮两边边缘修整成直线。

②将面皮两条长边分别折到中心线，不要重叠。刷一点水，按同样方法再折一次，折成一个 8 cm × 40 cm 的长方形。再刷一点水，对折，折成一个 4 cm × 40 cm 的长方形。用利刀横切成 6 mm 厚的片，蘸上一层白糖，交错放在涂有黄油的烤盘上。

③烘焙成熟：将生坯入烤炉烘烤，上火 170 ℃，下火 190 ℃，烤 12 ~ 15 分钟，至表面呈金黄色、质地脆酥即可出炉。

   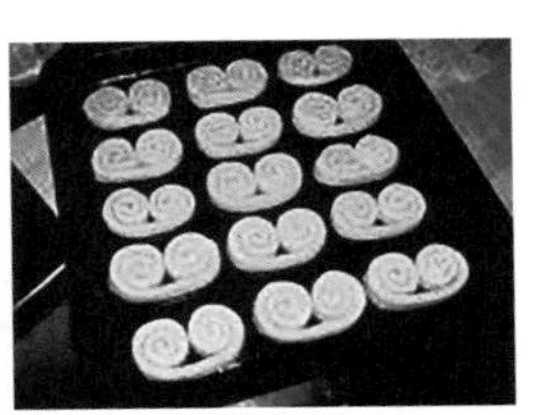

注意事项：

①成型时，不管做什么形状，面皮的切口一定不要用手碰捏或沾上水或鸡蛋，避免酥层粘连，层次不明显。

②烤炉要预热，温度太低，酥制品会熔化变形，影响酥层。

③烘烤千层蝴蝶酥时，如其形状不够理想时，可在制品烘烤 10 分钟左右时取出整理一下，防止变形。

【任务考核】

学员以 6 人为一个小组合作完成千层蝴蝶酥制作技能训练。参照制作过程、操作方法及注意事项进行练习，共同探讨千层蝴蝶酥的制作并完成训练进度表。

训练内容	训练重点	时间记录	训练效果	改进措施
千层蝴蝶酥的制作	准备工作			
	调制面皮			
	开酥			
	成型			
	烘烤			
	安全卫生			

【任务评价】

以小组为单位，由组长组织，教师指导，按下表中的要求做出相应的组内评价和小组互评，通过讨论给出任务完成效果等级。

评价项目	序　号	评价要点	组内评价	小组互评	教师评价
千层蝴蝶酥的制作	1	操作前卫生要求	A 达标 /B 不达标	A 达标 /B 不达标	A 达标 /B 不达标
	2	制皮：能正确调制油酥面团，细腻光滑无颗粒，软硬度合适	A 达标 /B 不达标	A 达标 /B 不达标	A 达标 /B 不达标
	3	开酥：层次分明，白净，厚薄均匀	A 达标 /B 不达标	A 达标 /B 不达标	A 达标 /B 不达标
	4	成型：大小形态均匀，造型美观	A 达标 /B 不达标	A 达标 /B 不达标	A 达标 /B 不达标
	5	烘烤：色泽一致，酥、松、香	A 达标 /B 不达标	A 达标 /B 不达标	A 达标 /B 不达标
	6	120 分钟内完成制品制作	A 达标 /B 不达标	A 达标 /B 不达标	A 达标 /B 不达标
	7	完成任务效果	优秀：≥ 4A 合格：3A 不合格：< 3A	优秀：≥ 4A 合格：3A 不合格：< 3A	优秀：≥ 4A 合格：3A 不合格：< 3A

【任务拓展】

很多人将这种层酐点心叫作千层酥点，它的变化很多，可以直接烤制面皮稍做装饰就

是一种点心，也可以压模、包馅、造型、烤制后再做装饰制作出一种点心，或与其他点心一起组装再烤制再装饰。

在千层面皮不变的基础上根据个人爱好，变换馅心、形态就可以做出多种千层制品。

[例]千层酥盒。

用料：千层面皮一块，蛋黄 50 g，果肉果酱 100 g。

制作过程：

①酥皮擀制：将擀好的面皮分成 2 块，一块擀成 3 mm 厚的皮，一块擀成 6 mm 厚的皮。

②模具出型：用直径 75 mm 的圆吸从两块面皮上印出相同数量的圆形面皮，再用一个直径 50 mm 的圆吸在 6 mm 厚的圆皮中心印出一个小圆皮，形成一圆环形面皮。

③修整成型：用高温布垫在烤盘上，用水或鸡蛋涂刷 3 mm 厚的圆皮，再将 6 mm 厚的圆环形面皮放于上面，再用蛋黄涂刷表面，静置 20 分钟。

④烘焙成熟：温度上火 170 ~ 190 ℃，将面皮烘烤约 10 分钟，呈金黄色，质地脆酥。

⑤果肉、果酱挤在面皮中间稍加装饰即可出品。

【任务反思】

完成该项任务，思考是否掌握以下技能：

①掌握不同包心油脂的使用，熟悉、了解油脂性能。

②可以举一反三，独立制作 2 ~ 3 款不同馅心或造型的千层制品。

回家试用猪油做出品质相同的制品。

任务2 咖喱牛肉角的制作

【学习目标】

★了解、掌握咖喱牛肉馅的制作方法。

★熟悉千层面皮的擀制。

★掌握咖喱牛肉角的基本制作及烘烤要领。

无论是泰国咖喱，还是印度咖喱，吃过后总是令人回味很久。一直以来，人们都用咖喱做菜饭，而东南亚一带的咖喱饭最具特色，菜肴有咖喱鸡、咖喱牛肉、咖喱牛腩等荤菜，却很少用咖喱制作点心，大家知道的好像只有咖喱牛肉角。传说最早马来西亚受葡萄牙统治的影响，改良了欧洲及地中海一带的一种馅饼，这种馅饼是用酥脆的面皮包裹咖喱馅制作而成的，后来成了马来西亚的传统小吃。也有说咖喱牛肉角是西班牙的著名小吃。不管怎样，咖喱牛肉角就是有一种特殊魅力让人垂涎。

【任务描述】

层酥制品是烘焙房中最令人注意和最难制作的产品之一。它属于擀制型面团，以面粉、油脂、水为主要原料，是经过调制、裹油、擀制、折叠、烘烤而膨胀到原有厚度的 8 ~ 10 倍的一种膨松制品。

【任务分析】

16.2.1 制作原料分析

咖喱粉能促进唾液和胃液的分泌，增加胃肠蠕动，增进食欲；能促进血液循环，达到发汗的目的。咖喱粉含有姜黄素，具有激活肝细胞并抑制癌细胞的功能；还具有协助伤口复合，预防老年痴呆症的作用。

16.2.2 制作过程分析

制作咖喱牛肉角一般需经过准备工作、称量原料、制咖喱牛肉馅、成型、烘烤等步骤。

具体操作方法与注意事项如下。

1）准备工作

①设备用具：远红外线电烤炉、烤盘、电磁炉、炒锅、西餐刀、擀面杖、光吸模具等。

②原料：牛肉、猪肉、洋葱、咖喱粉、盐、黑胡椒粉、黄油、千层酥皮、蛋黄、水等。

注意事项：工作前检查设备工具是否完好齐全，做好清洁卫生工作。

2）制作过程

（1）称量原料

咖喱牛肉角原料及参考用量表

原料		烘焙百分比 /%	参考用量 /g	说明
主料	千层酥皮	100	500	—
	牛肉	10	50	以千层酥皮为基数计算
	猪肉	10	50	
	洋葱	10	50	
	咖喱粉	6	30	
	盐	0.6	3	
	水	15	75	
	黄油	6	30	
	黑胡椒粉	6	5	
装饰	蛋黄	10	50	

注意事项：在称量原料时一定要准确。

（2）制咖喱牛肉馅

操作方法：

①将牛肉、猪肉、洋葱切成小细粒。

②锅烧热，黄油融化后放入洋葱粒煸炒出味，加入牛肉粒、猪肉粒，翻炒至上色。

③加入盐、咖喱粉、黑胡椒粉、少量水，翻炒入味，炒成较干爽的颗粒，即可出锅。

注意事项：

①咖喱牛肉馅要炒得稍干一些，不能太湿，否则会弄湿千层酥皮，使千层酥皮不酥脆。在烤千层酥皮时也可能会因水蒸气太多而使酥角胀破。

②最好选用瓶装咖喱粉，因为经过炒制煸出油来的咖喱粉会很香，市场上有很多咖喱块，炒时太黏稠，不太好用，吃到嘴里也没有颗粒感。

（3）成型、烘烤

操作方法：

①按千层酥皮的要求制作好千层面皮。

②取出面皮，擀成约 3 mm 厚的长方形，用直径 7.5 cm 的花边圆吸在面皮上印出圆形面皮。

③用高温布垫在烤盘上，在圆皮上涂刷薄薄的一层水或鸡蛋液，放上 20 g 的咖喱牛肉馅，将面皮对折，用直径 5 cm 的圆吸在半圆面皮内环压一下，使面皮完全粘紧。

④将所有酥角包好，在表面刷一层蛋黄，然后静置 15 分钟。

⑤烤箱预热到上下火 220 ℃，将静置好的酥角放入烤箱中层，烤 15 分钟左右，至表面金黄色即可出箱。

注意事项：

①面皮厚薄一定要均匀。

②用圆吸压面皮时尽量一下压成，不要左右转动，避免酥层模糊不清。

③静置是为了让面皮松弛，面皮成熟后层次更好，而且其表面刷的蛋黄被风干后烘烤完成后就会出现自然裂纹。

【任务考核】

学员以 6 人为一个小组合作完成咖喱牛肉角制作技能训练。参照制作过程、操作方法及注意事项进行练习，共同探讨咖喱牛肉角的制作并完成训练进度表。

训练内容	训练重点	时间记录	训练效果	改进措施
咖喱牛肉角的制作	准备工作			
	咖喱牛肉馅制作			
	面皮整形			
	包馅成型			
	烘烤			
	安全卫生			

【任务评价】

以小组为单位，由组长组织，教师指导，按下表中的要求做出相应的组内评价和小组互评，通过讨论给出任务完成效果等级。

评价项目	序　号	评价要点	组内评价	小组互评	教师评价
咖喱牛肉角的制作	1	操作前卫生要求	A 达标 /B 不达标	A 达标 /B 不达标	A 达标 /B 不达标
	2	咖喱牛肉馅制作	A 达标 /B 不达标	A 达标 /B 不达标	A 达标 /B 不达标
	3	千层面皮处理	A 达标 /B 不达标	A 达标 /B 不达标	A 达标 /B 不达标
	4	包馅成型	A 达标 /B 不达标	A 达标 /B 不达标	A 达标 /B 不达标
	5	烘烤	A 达标 /B 不达标	A 达标 /B 不达标	A 达标 /B 不达标
	6	操作后卫生要求	A 达标 /B 不达标	A 达标 /B 不达标	A 达标 /B 不达标
	7	完成任务效果	优秀：≥ 4A 合格：3A 不合格：＜ 3A	优秀：≥ 4A 合格：3A 不合格：＜ 3A	优秀：≥ 4A 合格：3A 不合格：＜ 3A

【任务拓展】

叉烧千层酥

原料用量：千层面团 250 g，叉烧馅 250 g，蛋黄适量。

制作方法：面皮擀成 3 mm 厚，用刀切成边长 100 mm 的正方形，在中间放入适量的馅，沿对角线对折，刷上蛋黄，撒上芝麻，静置后烘烤即可。

【任务反思】

完成该项任务，思考是否掌握以下技能。

①咖喱粉的处理。

②掌握制作馅心原材料的处理方法。

③可以举一反三，独立制作 2 ～ 3 款不同口味或造型的千层制品。

制作咖喱牛肉角的关键是哪几个步骤？

项目实训——层酥点心的制作

一、布置任务

1. 小组活动：根据层酥点心的制作方法，依据本地的特色物产，小组成员讨论制作一款有特色的千层酥制品。

2. 个人完成：实习报告册的撰写。
3. 小组完成：小组成员根据岗位的需求分工完成产品。

二、实训准备

1. 小组长完成原料单的填写。
2. 小组成员负责设施设备的检查和准备。

三、实训步骤

1. 小组长根据岗位的需求将任务细化，分配给小组成员。
2. 各小组成员在规定的时间内完成产品制作。
3. 各小组做好各项工作记录，填写评价表。

四、小组评价

1. 制作千层酥应掌握哪些知识？
2. 制作一款合格的千层酥应掌握哪些制作步骤？
3. 制作千层酥应掌握哪些技能要领？
4. 产品送评，请老师和其他小组成员品尝及点评。

五、综合评价

综合评价包括制作评价和个人能力评价。主要项目如下。

1. 千层蝴蝶酥制作评价。

千层蝴蝶酥评价表

评价项目	序　号	评价要点	组内评价	小组互评	教师评价
千层蝴蝶酥的制作	1	千层面皮的调制	A 达标 /B 不达标	A 达标 /B 不达标	A 达标 /B 不达标
	2	开酥的过程	A 达标 /B 不达标	A 达标 /B 不达标	A 达标 /B 不达标
	3	成型的方法	A 达标 /B 不达标	A 达标 /B 不达标	A 达标 /B 不达标
	4	烘烤成熟	A 达标 /B 不达标	A 达标 /B 不达标	A 达标 /B 不达标
	5	120 分钟内完成制品	A 达标 /B 不达标	A 达标 /B 不达标	A 达标 /B 不达标
	6	完成任务效果	优秀：≥ 4A 合格：3A 不合格：＜ 3A	优秀：≥ 4A 合格：3A 不合格：＜ 3A	优秀：≥ 4A 合格：3A 不合格：＜ 3A

2. 咖喱牛肉角制作评价。

咖喱牛肉角评价表

评价项目	序　号	评价要点	组内评价	小组互评	教师评价
咖喱牛肉角的制作	1	千层面皮的调制	A 达标 /B 不达标	A 达标 /B 不达标	A 达标 /B 不达标

续表

评价项目	序　号	评价要点	组内评价	小组互评	教师评价
咖喱牛肉角的制作	2	咖喱牛肉馅的制作	A 达标 /B 不达标	A 达标 /B 不达标	A 达标 /B 不达标
	3	开酥的过程	A 达标 /B 不达标	A 达标 /B 不达标	A 达标 /B 不达标
	4	成型的方法	A 达标 /B 不达标	A 达标 /B 不达标	A 达标 /B 不达标
	5	烘烤成熟	A 达标 /B 不达标	A 达标 /B 不达标	A 达标 /B 不达标
	6	120 分钟内完成制品	A 达标 /B 不达标	A 达标 /B 不达标	A 达标 /B 不达标
	7	完成任务效果	优秀：≥ 4A 合格：3A 不合格：＜ 3A	优秀：≥ 4A 合格：3A 不合格：＜ 3A	优秀：≥ 4A 合格：3A 不合格：＜ 3A

3. 个人能力评价。

个人能力评价表

内　容			评　价	
学习目标		评价项目	小组评价	教师评价
知识	应知	1. 基本原料的选择及使用	A. 优　B. 良 C. 一般	A. 优　B. 良 C. 一般
		2. 各种包裹油脂的性能	A. 优　B. 良 C. 一般	A. 优　B. 良 C. 一般
专业能力	应会	1. 熟悉层酥点心的制作流程及工艺	A. 优　B. 良 C. 一般	A. 优　B. 良 C. 一般
		2. 掌握层酥点心的制作技术要领	A. 优　B. 良 C. 一般	A. 优　B. 良 C. 一般
		3. 掌握烘焙技术	A. 优　B. 良 C. 一般	A. 优　B. 良 C. 一般
通用能力	团队组织、合作能力	合理分配细化任务	A. 优　B. 良 C. 一般	A. 优　B. 良 C. 一般
	沟通、协调能力	同学间的交流	A. 优　B. 良 C. 一般	A. 优　B. 良 C. 一般
	解决问题能力	突发事件的处理	A. 优　B. 良 C. 一般	A. 优　B. 良 C. 一般
	自我管理能力	卫生安全	A. 优　B. 良 C. 一般	A. 优　B. 良 C. 一般
	创新能力	品种变化	A. 优　B. 良 C. 一般	A. 优　B. 良 C. 一般
态度	爱岗敬业	态度认真	A. 优　B. 良 C. 一般	A. 优　B. 良 C. 一般

续表

个人努力方向与建议	

巧克力房岗位实务

现代星级酒店西餐厨房中通常都设置有面包房、饼房和巧克力房等工作岗位。巧克力房的工作主要是生产各种不同的巧克力点心供客人享用，其主要有巧克力插片、象形巧克力等巧克力饰品；巧克力蛋糕、巧克力糖等巧克力制品。

目前巧克力是许多节日、庆典、聚会等不可或缺的美食。

巧克力插片是将巧克力制作成各种样式的线、块，装饰在小西点上。象形巧克力是用捏、塑等方法，配合一些特定工具，将巧克力制作成各种形象的花卉、动物，直接装饰在蛋糕上。巧克力是西点中重要的装饰品，能增强点心的质感和立体感，使西点具有更高的食用价值和艺术价值。

巧克力蛋糕是指用巧克力制成的蛋糕，品种繁多，常用于生日、派对及婚礼，是常见的甜品之一。巧克力糖也称奶油巧克力糖，种类、形状繁多，有酒心的、果仁的、抹茶的、燕麦的，有圆形的、方形的、蛋形的等，可谓精彩纷呈，争奇斗艳。

项目 17

巧克力饰品的制作

巧克力是西点中重要的装饰品，也是技术工艺较强的制作品种之一。巧克力最大的特点是可以通过调温定性，制作出种类繁多、形状各异的装饰品，常用于点心的装饰，增强点心的质感和立体感，使西点具有更高的食用价值和艺术价值。

任务1 巧克力插片的制作

【学习目标】

★了解、掌握巧克力的知识及使用方法。

★熟悉巧克力插片的制作方法。

★掌握巧克力调温方法。

巧克力除可直接食用外，在各种西点、艺术蛋糕上都有使用，在制作点心的材料中，既特殊又普通。将巧克力制作成各种线条状、块状，装饰在小西点上，或捏塑出各种花卉、动物，装饰在蛋糕上，或直接使用巧克力组装成有主题的艺术品，极具观赏性。

【任务描述】

巧克力插片是指面点师运用各种工具加上熟练的技法，配以各种坚果、果脯，将巧克力制作成各种线条状、块状等饰品。在小西点上，常见的巧克力插片的制作方法有切割成型、挤注成型、推切成型、模具成型。

【任务分析】

17.1.1 制作原料分析

巧克力：纯黑巧克力又称苦甜巧克力，含相对较少的糖，可可含量必须在34%以上。50%的可可含量是巧克力爱好者的最爱，60%可可含量的巧克力更是巧克力制品的首选。纯巧克力一般含优质可可56%～70%（含31%的可可脂，4%～29%的细砂糖，1%卵磷脂和纯香草精）。牛奶巧克力的可可含量在20%～40%，含糖量较高，达到50%。

巧克力的融化：巧克力在融化的过程中，不可加入水或牛奶，因为巧克力的吸湿作用，会使其在遇水后立即吸收部分水分而凝结，破坏原来油脂的平衡与光泽。巧克力在50 ℃时即完全融化，融化时温度不能超过60 ℃，否则会变脆，而且巧克力中的油脂将分离，成品粗糙，从而影响光泽。

17.1.2 制作要领分析

固体巧克力的诱人外观和完美光泽是巧克力中可可油结晶的结果。可可油本身能够自然结晶出不同的形状，只有在最高熔点35～36 ℃时结晶形成才是稳定的。调温是一个使所有可可油形成稳定结晶体的过程，从而保证可可油的收缩和巧克力容易从模具或塑料板上移开，这样制作出来的巧克力坚硬，有光泽，断开时有脆响。

如果只是简单地将巧克力融化后就使用，其温度在40 ℃或40 ℃以上，质软滑且稀，不适用铲花、铲卷、吊线。其外观欠光泽美观，口感也不够细腻，这样的巧克力常常被认为是质量差的巧克力，因此，巧克力要经过调温后才适合使用，最好将温度调到32 ℃左右。

17.1.3 制作过程分析

制作巧克力插片一般需经过准备工作、称量原料、巧克力溶解、巧克力调温和制作各种挤注插片等步骤。

具体操作方法与注意事项如下。

1）准备工作

①设备用具：电磁炉、微波炉、大小不锈钢碗、微波炉专用碗、大理石案台、抹刀、玻璃纸、搅拌棒等。

②原料：纯黑巧克力、纯白巧克力等。

注意事项：工作前检查设备工具、原材料是否完好齐全，做好清洁卫生工作。

2）制作过程

（1）称量原料

巧克力插片原料及参考用量表

原　料		烘焙百分比 /%	参考用量 /g	说　明
巧克力插片	纯黑巧克力	100	200	—
	纯白巧克力	100	200	以纯黑巧克力为基数计算

注意事项：

①选用纯的巧克力含有很多的可可脂，是制作西点非常好的材料。

②巧克力一般分调温巧克力和非调温巧克力，西点用巧克力为可调温的，而市售当零食吃的非调温巧克力有很多是不能再加热熔化使用的。

③工作前检查设备工具是否完好齐全，由于制品是直接食用的，因此一定要做好清洁卫生工作。

④为使制品有较好的效果，建议在空调房内操作。

（2）巧克力溶解

操作方法：

①一般融化的方法是隔水利用水蒸气加热，用两个不锈钢大小碗重叠，大碗放热水加热，热水的温度在 50 ℃左右最佳。将切碎的巧克力放在已擦干水的小碗里，然后架在大碗上面利用热水的水蒸气来融化巧克力，其间需要稍稍搅拌使巧克力受热均匀，同时要避免大碗热水的水蒸气逸入巧克力中。当巧克力变成液状时，用一长柄的小匙按顺时针方向搅拌。

②巧克力也可以利用微波炉加热的方式来融化，选择使用不太高的波段来融化，每次开启时间不超过 20 秒，每次融化后取出搅拌均匀，再放入继续加热融化，直到完全融化。

 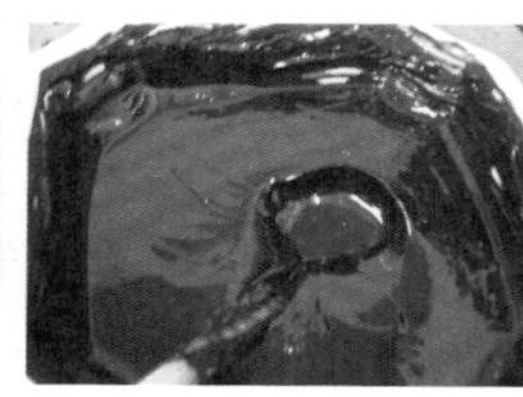 

注意事项：

①不要让容器进水，否则巧克力会越搅越硬。

②要按同一个方向搅拌，避免巧克力内进入空气而产生气泡。

③多搅拌会加快巧克力的溶解和令巧克力更软滑细腻，光泽度好。

④热水的温度在 60 ℃为佳。太高的温度会令巧克力油质分离。

⑤过期巧克力是无法融化的，在加热时只会软化成泥巴状。

（3）巧克力调温

操作方法：

①在已溶解的巧克力液中加入切得很碎的巧克力（分量约为已溶解的巧克力的 1/5），然后按顺时针方向搅拌，待巧克力全部溶解后整体温度就会下降，质地也会由稀变稠，用来铲花、铲卷时抹在案上就会厚薄适中，吊线时不会散开，且线条幼细。

②从已溶解的巧克力中倒出一半或 1/3 在案板上，用铲刀拌几下，待巧克力有些变稠时，铲回原来的容器中，再用小匙顺时针方向搅拌，这样也很容易把巧克力的温度迅速降下来。

注意事项：

①要按同一个方向搅拌，避免巧克力内进入空气而产生气泡。

②多搅拌会加快巧克力的溶解和令巧克力更软滑细腻，光泽度好。

③注意不要让案台、工具沾水，否则巧克力会越搅越硬。

（4）制作各种挤注插片

操作方法：

①将融化好的黑巧克力用平口裱花袋装好在胶纸上挤成各种条状。

②稍干后，放进冰箱凝固，凝固后取掉胶纸即成型。

③在透明纸上淋上少许巧克力。

④用三角刮板直线刮出齿条状。

⑤趁巧克力未凝固时，快速旋转在圆棍上，冷却。

⑥冷却后，小心取脱透明纸，分散巧克力旋条。

注意事项：

①用裱花嘴将巧克力挤成的细条纹要粗细均匀。

②可绕在铁筒上，放进冰箱凝固，出来后成螺丝状。

【任务考核】

学员以 6 人为一个小组合作完成巧克力插件制作技能训练。参照制作过程、操作方法及注意事项进行练习，共同探讨巧克力的技能并完成训练进度表。

训练内容	训练重点	时间记录	训练效果	改进措施
巧克力插件的制作	准备工作			
	巧克力融化			
	巧克力调温			
	插件成型			
	装饰			
	安全卫生			

【任务评价】

以小组为单位，由组长组织，教师指导，按下表中的要求做出相应的组内评价和小组互评，通过讨论给出任务完成效果等级。

评价项目	序　号	评价要点	组内评价	小组互评	教师评价
巧克力插件的制作	1	巧克力融化	A 达标 /B 不达标	A 达标 /B 不达标	A 达标 /B 不达标
	2	巧克力调温	A 达标 /B 不达标	A 达标 /B 不达标	A 达标 /B 不达标
	3	插件成型	A 达标 /B 不达标	A 达标 /B 不达标	A 达标 /B 不达标
	4	装饰	A 达标 /B 不达标	A 达标 /B 不达标	A 达标 /B 不达标
	5	卫生	A 达标 /B 不达标	A 达标 /B 不达标	A 达标 /B 不达标
	6	30 分钟内完成 12 件制品	A 达标 /B 不达标	A 达标 /B 不达标	A 达标 /B 不达标
	7	完成任务效果	优秀：≥ 4A 合格：3A 不合格：＜ 3A	优秀：≥ 4A 合格：3A 不合格：＜ 3A	优秀：≥ 4A 合格：3A 不合格：＜ 3A

【任务拓展】

（一）巧克力棒

原料：巧克力 200 g。

制作方法：

①把大理石擦干净，大理石的温度要适中，不可太热，也不可太冷。

②把融化好的巧克力均匀地涂抹在大理石上，用铲刀来回抹平。

③待巧克力凝固后，用铲刀将边缘毛边修饰整齐。

④巧克力铲刀与桌面成 70°，往左直推，铲出直筒状即可。

（二）调温失败的巧克力

①可可油流动到表面并重新结晶，在巧克力表层产生白色或灰色雾状物。

②外观脏污，让人缺乏食欲。

③巧克力断裂时粉碎而不是脆断成块。

④制模的时候，巧克力不易脱离模具。
⑤白色的雾状物或斑点散开。

（三）调温成功的巧克力

①坚硬密实，光泽如一。
②有光泽的深色外观。
③断裂时脆断成块。
④入口爽脆，保质期长。
⑤制模的时候，巧克力易脱离模具。

【任务反思】

完成该项任务，思考是否掌握以下技能：
①我们为什么选择调温制作纯正巧克力?
②不含可可脂的巧克力和纯正巧克力可以混合使用吗?
③能区别“调温成功的巧克力”和“调温失败的巧克力”吗?

用文字叙述制作巧克力插片的步骤。

任务2 象形巧克力的制作

【学习目标】

★了解、掌握巧克力的知识及使用方法。
★熟悉巧克力饰品制作方法。
★掌握巧克力调温法。

象形巧克力就是将巧克力通过捏、塑，结合一些特定的工具，制作成各种形状的花卉、动物，既可装饰在蛋糕上，也可直接使用多个组装成有主题的艺术品。现在市面上很多巧克力专营店、花店、礼品店都在出售巧克力花、巧克力小制品等，这不仅让巧克力制作者可以充分发挥其想象创意，而且大大增加了制品的观赏性。

【任务描述】

将溶解后的巧克力加玉米糖浆完全混合后，巧克力就会有很好的可塑性，用揉捏的方法，加上五颜六色的食用色素，配以专用工具就可以制作出各种不同的彩色造型。制作这种巧克力就像制作面塑，在造型变化上的弹性很大，很适合发挥创意，做出独具特色、童趣、造型的巧克力制品。

【任务分析】

17.2.1 制作原料分析

①巧克力：常用的是白巧克力或牛奶巧克力，方便调色使用。

②玉米糖浆：是由玉米淀粉经过水解、糖化、异构等工艺制成的一种与蔗糖甜度相当的天然液体甜味剂。它的主要成分是果糖和葡萄糖，具有优质、风味纯净、色泽清澈、透明无色、不影响其他风味等特点，实际上就是DE值大于20的麦芽糊精。美国人将DE值低于20的才叫麦芽糊精，高于20的就叫固体玉米糖浆。中国人统称麦芽糊精。

17.2.2 制作要领分析

将巧克力隔水加热融化，加入玉米糖浆搅拌均匀。将巧克力倒在蜡纸上，置于室温下，待其渐干即可使用。未立即使用的可放入保鲜盒或以蜡纸包好，置于室温下可保存数星期左右。如欲制作彩色巧克力捏土，用白色巧克力加食用色素调匀即可。

17.2.3 制作过程分析

制作象形巧克力一般需经过准备工作、称量原料、制作巧克力黏泥、制作巧克力玫瑰花、制作巧克力动物、制作心形模具巧克力和制作小玫瑰花等步骤。

具体操作方法与注意事项如下：

1）准备工作

①设备用具：电磁炉、微波炉、大小不锈钢碗、微波炉专用碗、大理石案台、巧克力专用工具、玻璃纸、搅拌棒等。

②原料：白巧克力、玉米糖浆、麦芽糖、白糖、水等。

注意事项：工作前检查设备工具是否完好齐全，因为制品是直接食用的，所以一定要做好清洁卫生工作。为使制品有较好的效果，建议在空调房内操作。

2）制作过程

（1）称量原料

象形巧克力原料及参考用量表

<table>
<tr><th colspan="3">原　料</th><th>烘焙百分比/%</th><th>参考用量/g</th><th>说　明</th></tr>
<tr><td rowspan="6">象形巧克力</td><td rowspan="2">方法1</td><td>白巧克力</td><td>100</td><td>400</td><td>—</td></tr>
<tr><td>玉米糖浆</td><td>25</td><td>100</td><td rowspan="5">以白巧克力为基数计算</td></tr>
<tr><td rowspan="4">方法2</td><td>白巧克力</td><td>50</td><td>200</td></tr>
<tr><td>麦芽糖</td><td>12.5</td><td>50</td></tr>
<tr><td>白糖</td><td>15.7</td><td>63</td></tr>
<tr><td>水</td><td>20.7</td><td>83</td></tr>
</table>

注意事项：工作前检查设备工具是否完好齐全，由于制品是直接食用的，所以一定要做好清洁卫生工作。为使制品有较好的效果，建议在空调房内操作。

（2）制作巧克力黏泥

操作方法：

方法一：将白巧克力隔水加热融化，稍晾凉，加入玉米糖浆搅拌均匀，倒在玻璃纸或蜡纸上，静置表面微干即可使用。

方法二：将水和糖煮至 110 ℃，用 35 g 糖浆加入麦芽糖搅至融化，白巧克力隔水受热融化，晾至和糖水温度一致时，将两者拌匀，倒在玻璃纸或蜡纸上，静置微干变硬即可使用。

注意事项：

①建议购买可以塑形用的巧克力或是熔点较低、甜度不高的巧克力。

②巧克力黏泥如在操作时太硬，只要取小块在手中揉捏一会儿即软化。反之，巧克力捏土如在操作时太软，在室温下放置一会儿即可。

③夏天操作时，巧克力黏泥较容易变得过软，可置室温下或冰箱里直至软硬度适合操作即可。

（3）制作巧克力玫瑰花

操作方法：

①取一小块红色巧克力泥，搓条，由小到大切成 7 ～ 10 个剂。取最小的一个剂搓成枣核状的玫瑰花心，然后将下好剂的巧克力泥用手分别揉细腻，再搓成椭圆形后，用大拇指将其按成薄片即成花瓣。

②左手拿花心，右手大拇指、食指拿花瓣的下端，包住花心，然后将花瓣分 2 ～ 3 层粘贴在花心周围，花瓣应逐层增大，且花瓣层与层间应相互交错粘贴，注意每片花瓣粘贴后用手将上部边缘向外卷一下拉成自然弧度，使其更像盛开的玫瑰花。

③取一小团绿色巧克力泥，搓成长圆锥形，压扁，再用拨子压出叶脉，然后将其装饰在玫瑰花的两侧。

注意事项：

①巧克力很容易变硬，压扁巧克力球的时候，可以放在手心软化一会儿再制作。

②压扁巧克力球时，先将外围用手指压扁后再压中间，从中间直接压入时巧克力球四周容易产生裂痕，先压四周产生的裂口较少也较整齐。

③巧克力球的直径如果成长得太快，做出来的玫瑰花看上去较像完全绽放的花朵；反之，则比较像刚盛开的玫瑰花。

④制作到较外层时，动作要轻，之前已粘好的花瓣多已变硬，小心不要碰破它。要做出较自然的外层花瓣，可以先用手向内轻压成弧形再往巧克力花上粘贴。

⑤粘手时也可撒上少许的玉米粉防粘。制作时一次只做一个花瓣，包好一个花瓣再做下一个，免得巧克力干燥后变硬不容易塑形。玫瑰花的花苞及花瓣大小可依需要做大小合适的花。一般玫瑰花只需要交错包裹 6 ～ 8 片巧克力花瓣即可。

（4）制作巧克力动物

操作方法：

①将杏仁糖泥分块，分别调上大红色、褐色和黑色等。

②取一块褐色面团，搓圆，由小到大切成 7 ～ 10 个剂。取最大的一个剂搓成枣核状做成小熊的身体，然后用次大的剂搓圆做成小熊的头，再用 4 个面团搓长做成小熊的手脚，最后用两个小圆球做成小熊的耳朵。

③取两小块黑色面团，搓圆，做成小熊的眼睛。取 3 小块褐色面团，搓圆，做成小熊的嘴巴。

④最后用红色面捏成帽子，再用拨子压出纹路，最后将其装饰在小熊的头上即可。小熊可站可坐可趴。

注意事项：

①根据实际需要，添加食用色素或食用香精。调色时要由浅到深，一定要揉匀，防止出现色斑。

②制作动物时一定掌握好其神态，以及四肢与身体的比例。

（5）制作心形模具巧克力

操作方法：

①先把心形模具擦洗干净备用。

②把融化好的白巧克力倒入模具，只倒入模具的 1/3 即可。

③摇动模具，使白巧克力均匀地粘在模具四周。

④待白巧克力凝固后，再倒入第二层即可，做法同②。

⑤依次倒入三次即好，然后把模具放入冰柜冷藏 5 ~ 6 分钟。

⑥脱模。

注意事项：

①制作模具巧克力装饰的温度都应保持在 18 ~ 25 ℃。

②模具必须无水无油。

③巧克力要分 2 ~ 3 次倒入模具。

④冷藏后要清理干净模具边缘再将巧克力出模。

（6）制作小玫瑰花

操作方法：

①把融化好的白巧克力倒在大理石的一端。

②用抹刀将白巧克力均匀地平铺在大理石上。

③待白巧克力未凝固时用挖勺从右向左、上下抖动的方式将白巧克力圈入勺内即可成型。

④把成型的白巧克力从勺内取出即可。

注意事项：

①使用挖勺力度要均匀。

②从右到左要连续，不能断。

③成型后冷藏 2 ~ 3 分钟即可使用。

【任务考核】

学员以 6 人为一个小组合作完成象形巧克力制作技能训练。参照制作过程、操作方法及注意事项进行练习，共同探讨象形巧克力的制作并完成训练进度表。

训练内容	训练重点	时间记录	训练效果	改进措施
象形巧克力的制作	准备工作			
	制作巧克力黏泥			
	制作巧克力玫瑰花			
	制作巧克力动物			

续表

训练内容	训练重点	时间记录	训练效果	改进措施
象形巧克力的制作	制作心形模具巧克力			
	制作小玫瑰花			

【任务评价】

以小组为单位，由组长组织，教师指导，按下表中的要求做出相应的组内评价和小组互评，通过讨论给出任务完成效果等级。

评价项目	序　号	评价要点	组内评价	小组互评	教师评价
象形巧克力的制作	1	制作巧克力黏泥	A 达标 /B 不达标	A 达标 /B 不达标	A 达标 /B 不达标
	2	制作巧克力黏泥制品	A 达标 /B 不达标	A 达标 /B 不达标	A 达标 /B 不达标
	3	制作巧克力模具制品	A 达标 /B 不达标	A 达标 /B 不达标	A 达标 /B 不达标
	4	60 分钟内完成制品	A 达标 /B 不达标	A 达标 /B 不达标	A 达标 /B 不达标
	5	完成任务效果	优秀：≥ 4A 合格：3A 不合格：＜ 3A	优秀：≥ 4A 合格：3A 不合格：＜ 3A	优秀：≥ 4A 合格：3A 不合格：＜ 3A

【任务拓展】

转印纸三角板

原料：巧克力 200 g，转印纸 2 张。

制作方法：

①把融化的巧克力均匀地涂在转印纸上。

②抹平巧克力，待巧克力凝固。

③用刀和尺子把巧克力裁成长方形，再把长方形裁成三角形，待冷却。

④使用时把转印纸撕下来，这样即可制成有花纹的三角板。

【任务反思】

完成该项任务，思考是否掌握以下技能：

①如何选用模具？怎样脱模制品才最完整？

②为什么要先在模具内涂抹一层薄巧克力后再注满巧克力？

③制作巧克力玫瑰花时，为什么先要将巧克力黏泥在手上揉软再制作？

④制作模具巧克力对各环节的要求：

a. 巧克力温度：最佳操作温度是 38 ℃。

b. 冰箱温度：控制在 –10 ～ 15 ℃。

c. 模具温度：比手温稍冷，20 ～ 25 ℃。

d. 操作速度：速度是控制模具的关键，填满一个模具操作时间控制在 15 秒内。

e. 室温：控制在 20 ℃左右。

f. 室内湿度：控制在55%左右，过干或过湿都会影响巧克力操作性能及口感。

课后练习

1. 用文字描述两种颜色的巧克力制作巧克力花的方法。
2. 巧克力塑形时调温定性有什么重要性？
3. 如果塑形时调温定性后的巧克力温度合适，但仍然过稠，应怎样调节？

项目实训——巧克力饰品的制作

一、布置任务

1. 小组活动：根据前两款巧克力的制作方法，小组成员讨论制作两款有特色的巧克力饰品。
2. 个人完成：书写实习报告册。
3. 小组完成：小组长根据岗位的需求分工完成品种的制作。

二、实训准备

1. 小组长完成原料单的填写。
2. 小组成员负责设施设备的检查和准备。

三、实训步骤

1. 小组长根据岗位的需求将任务细化，分配给小组成员。
2. 各小组成员在规定的时间内完成产品制作。
3. 各小组做好各项工作记录，填写评价表。

四、小组评价

1. 制作巧克力饰品应掌握哪些知识？
2. 制作一款合格的巧克力饰品应掌握哪些制作过程？
3. 制作巧克力饰品应掌握哪些技能要领？
4. 产品送评，请老师和其他小组成员品尝及点评。

五、综合评价

综合评价包括制作评价和个人能力评价。主要项目如下：

1. 巧克力插件制作。

巧克力插件制作评价表

评价项目	序　号	评价要点	组内评价	小组互评	教师评价
巧克力插件的制作	1	巧克力选用及处理	A 达标 /B 不达标	A 达标 /B 不达标	A 达标 /B 不达标
	2	巧克力调温方法	A 达标 /B 不达标	A 达标 /B 不达标	A 达标 /B 不达标

续表

评价项目	序　号	评价要点	组内评价	小组互评	教师评价
巧克力插件的制作	3	操作过程、手法	A 达标 /B 不达标	A 达标 /B 不达标	A 达标 /B 不达标
	4	整体形态一致、造型美观	A 达标 /B 不达标	A 达标 /B 不达标	A 达标 /B 不达标
	5	40 分钟内完成制品	A 达标 /B 不达标	A 达标 /B 不达标	A 达标 /B 不达标
	6	完成任务效果	优秀：≥ 4A 合格：3A 不合格：＜ 3A	优秀：≥ 4A 合格：3A 不合格：＜ 3A	优秀：≥ 4A 合格：3A 不合格：＜ 3A

2. 象形巧克力制作。

象形巧克力制作评价表

评价项目	序　号	评价要点	组内评价	小组互评	教师评价
象形巧克力的制作	1	巧克力选用及处理	A 达标 /B 不达标	A 达标 /B 不达标	A 达标 /B 不达标
	2	巧克力调温方法	A 达标 /B 不达标	A 达标 /B 不达标	A 达标 /B 不达标
	3	操作过程、手法	A 达标 /B 不达标	A 达标 /B 不达标	A 达标 /B 不达标
	4	整体形态一致、造型美观	A 达标 /B 不达标	A 达标 /B 不达标	A 达标 /B 不达标
	5	40 分钟内完成制品	A 达标 /B 不达标	A 达标 /B 不达标	A 达标 /B 不达标
	6	完成任务效果	优秀：≥ 4A 合格：3A 不合格：＜ 3A	优秀：≥ 4A 合格：3A 不合格：＜ 3A	优秀：≥ 4A 合格：3A 不合格：＜ 3A

3. 个人能力评价。

个人能力评价表

内　容			评　价	
学习目标		评价项目	小组评价	教师评价
知识	应知	1. 基本原料的选择及使用。	A. 优　B. 良 C. 一般	A. 优　B. 良 C. 一般
		2. 各种巧克力的性能。	A. 优　B. 良 C. 一般	A. 优　B. 良 C. 一般
专业能力	应会	1. 熟悉巧克力饰品的制作流程及工艺。	A. 优　B. 良 C. 一般	A. 优　B. 良 C. 一般
		2. 掌握巧克力饰品的制作技术要领。	A. 优　B. 良 C. 一般	A. 优　B. 良 C. 一般
		3. 掌握调温方法。	A. 优　B. 良 C. 一般	A. 优　B. 良 C. 一般

续表

内容			评价	
学习目标		评价项目	小组评价	教师评价
通用能力	团队组织、合作能力	合理分配细化任务	A. 优　B. 良 C. 一般	A. 优　B. 良 C. 一般
	沟通、协调能力	同学间的交流	A. 优　B. 良 C. 一般	A. 优　B. 良 C. 一般
	解决问题能力	突发事件的处理	A. 优　B. 良 C. 一般	A. 优　B. 良 C. 一般
	自我管理能力	卫生安全	A. 优　B. 良 C. 一般	A. 优　B. 良 C. 一般
	创新能力	品种变化	A. 优　B. 良 C. 一般	A. 优　B. 良 C. 一般
态度	爱岗敬业	态度认真	A. 优　B. 良 C. 一般	A. 优　B. 良 C. 一般
个人努力方向与建议				

项目 18

巧克力制品的制作

巧克力是一种特别受欢迎的蛋糕配饰。巧克力蛋糕是用巧克力制成的蛋糕，常见于生日、派对及婚礼，是常见的甜品之一。巧克力蛋糕含有丰富的碳水化合物、脂肪、蛋白质和各类矿物质。其颜色棕褐、质地松软、香甜味美，具有增加人体热量和提供营养成分等作用。

任务1 巧克力蛋糕的制作

【学习目标】

★掌握巧克力蛋糕的知识及使用方法。

★熟悉巧克力蛋糕的制作方法。

★掌握巧克力调温法。

巧克力蛋糕常见的是切块的小蛋糕，层次丰富，其中加入了大量的黑巧克力或可可粉烘焙而成，因为其华贵的咖啡色以及入口浓香而得名。巧克力蛋糕品种繁多，最著名的是巧克力布朗尼蛋糕，其源于很有趣的故事。据说有个胖胖的黑人嬷嬷系着围裙，在厨房烘焙着松软可口的巧克力蛋糕，结果居然忘了先打发奶油，而意外做出的失败作品，这块原本要丢掉的蛋糕，老嬷嬷一尝，居然十分美味。

【任务描述】

巧克力蛋糕是喜庆的节日和浪漫的日子里人们最喜爱的礼物之一。人们用巧克力蛋糕传递对亲情、友情、爱情的甜蜜感受和美好祝福。每一个巧克力蛋糕浓郁的香味刺激着最挑剔的味蕾，同时散发出幸福满足的滋味。

【任务分析】

18.1.1 制作原料分析

①巧克力：纯黑巧克力含相对较少的糖，可可含量必须在34%以上，50%的可可含量是巧克力爱好者的最爱，60%可可含量的巧克力更是巧克力制品的首选。纯巧克力一般含优质可可56%～70%（包含31%的可可脂，4%～29%的白糖，1%卵磷脂和纯香草精）。牛奶巧克力可可含量在20%～40%，含糖量较高，达到50%。

②黄油：常用黄油有无盐和有盐的两种，制作巧克力蛋糕选用无盐黄油。

③可可粉：是指从巧克力浆中除去可可脂后经过干制而成的粉末，是苦巧克力最佳代替品，使用可可粉制作蛋糕时可添加苏打粉作为膨松剂或调色剂。

18.1.2 制作要领分析

选用高品质的原材料是制作高质量的巧克力蛋糕的前提，对搅打方法的理解和掌握是重点，在搅打中，稍微疏忽便会影响蛋糕成品的质地和外观。

18.1.3 制作过程分析

制作巧克力蛋糕一般需经过准备工作、称量原料、调制巧克力面糊、蛋糕面糊的制作和烘烤成熟等步骤。具体操作方法与注意事项如下：

1）准备工作

①设备用具：电磁炉、烤炉、大小不锈钢碗、打蛋机、量杯、秤、粉筛、烤盘模具等。

②原料：黑巧克力、无盐黄油、白糖、盐、鲜奶、鸡蛋、可可粉、低筋面粉等。

注意事项：工作前检查设备工具、原材料是否完好齐全，做好清洁卫生工作。

2）制作过程

（1）称量原料

巧克力蛋糕原料及参考用量表

原　料		烘焙百分比/%	参考用量/g	说　明
巧克力蛋糕	黑巧克力	100	120	—
	无盐黄油	50	60	以黑巧克力为基数计算
	白糖	66	80	
	盐	3	4	
	鲜奶	3	38	
	鸡蛋	125	150	
	可可粉	33	40	
	低筋面粉	25	30	

注意事项：

①选用优质的原材料。

②尽可能地称量准确。

（2）调制巧克力面糊

操作方法：

①先把黄油切成小丁，室温软化。黑色巧克力切成小块隔水融化（水温 50 ℃左右），然后稍凉一会儿。将软化的黄油搅匀，加融化的巧克力拌匀。

②蛋黄打散，加入 30 g 糖搅拌融化，再将鲜奶加入搅拌至均匀。

③慢慢加入融化后的巧克力混合物中，慢慢搅拌均匀成巧克力蛋黄糊。

注意事项：

①巧克力融化后的温度不能超过 50 ℃，加入黄油时温度为 23 ℃，否则黄油会过度融化，不利于搅拌均匀。

②先把蛋黄和白糖搅匀，再分次加入鲜奶。

（3）蛋糕面糊的制作

操作方法：

①蛋清 50 g、白糖和盐搅打至干性发泡。

②取 1/3 的蛋清糊加入巧克力蛋黄糊中，搅匀。

③将低筋面粉、可可粉过筛，慢慢搅拌进蛋糊中，至匀。

④加入剩下的蛋清与面糊混合均匀。

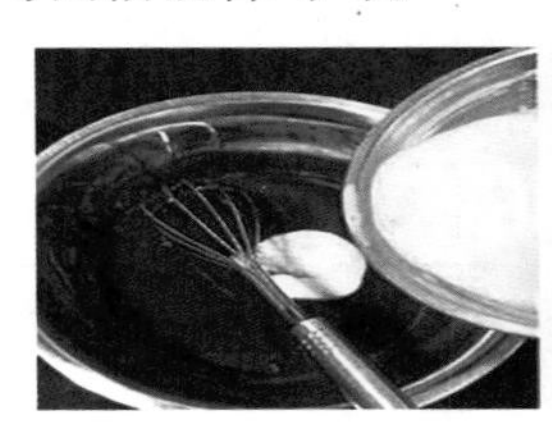

注意事项：

①蛋泡要搅打至干性发泡才行，分两次加入白糖搅拌融化。

②低筋面粉和可可粉一定要过筛，必要时可加少许苏打粉。

③面糊要光滑无粒，但不可过度搅拌，否则影响蛋糕质地。

④要按同一个方向搅拌，这样可以避免蛋糕面糊下沉。

（4）烘烤成熟

操作方法：

①蛋糕模中涂一层黄油，再倒入干面粉，转动模具使面粉均匀地铺在蛋糕模上，之后将模具口朝下轻敲，将多余的面粉敲出后，再将模具口朝上，将蛋糕糊倒入，在桌上震动几下使气泡震出。

②用一个烤盘倒入热水，再将蛋糕模放入烘烤，炉温 170 ℃，隔水烤。烘烤时间约 45 分钟。烤熟即可。

注意事项：

①涂在烤盘上的粉不要太厚，薄薄的一层即好。

②入炉前的震动是排除过多的大的不均匀气泡。

③烤盘中要加水，否则蛋糕会太干。

【任务考核】

学员以 6 人为一个小组合作完成巧克力蛋糕制作技能训练。参照制作过程、操作方法及注意事项进行练习，共同探讨巧克力的制作并完成训练进度表。

训练内容	训练重点	时间记录	训练效果	改进措施
巧克力蛋糕的制作	准备工作			
	巧克力面糊的制作			
	蛋清搅打			
	蛋糕面糊			
	烘烤			
	安全卫生			

【任务评价】

以小组为单位，由组长组织，教师指导，按下表中的要求做出相应的组内评价和小组互评，通过讨论给出任务完成效果等级。

评价项目	序　号	评价要点	组内评价	小组互评	教师评价
巧克力蛋糕的制作	1	巧克力面糊制作	A 达标 /B 不达标	A 达标 /B 不达标	A 达标 /B 不达标
	2	蛋清搅打程度	A 达标 /B 不达标	A 达标 /B 不达标	A 达标 /B 不达标
	3	蛋糕面糊调和	A 达标 /B 不达标	A 达标 /B 不达标	A 达标 /B 不达标
	4	烘烤成熟	A 达标 /B 不达标	A 达标 /B 不达标	A 达标 /B 不达标
	5	安全卫生	A 达标 /B 不达标	A 达标 /B 不达标	A 达标 /B 不达标
	6	90 分钟内完成制品	A 达标 /B 不达标	A 达标 /B 不达标	A 达标 /B 不达标
	7	完成任务效果	优秀：≥ 4A 合格：3A 不合格：＜ 3A	优秀：≥ 4A 合格：3A 不合格：＜ 3A	优秀：≥ 4A 合格：3A 不合格：＜ 3A

【任务拓展】

巧克力蛋糕杯制作

原料：黑巧克力 140 g，鸡蛋 4 个，可可粉 40 g，低筋面粉 100 g，无盐黄油 60 g，细砂糖 260 g，奶油 80 g。

制作过程：像巧克力蛋糕一样，将面糊挤入耐高温纸杯 8 分满，放入 165 ℃的烤箱中烤 25 分钟，放在冷却架上冷却即可。

【任务反思】

完成该项任务，思考是否掌握以下技能：

①巧克力与黄油的融合方法、技巧。

②使用可可粉时如何增减代替面粉、巧克力的用量？

③称量、搅拌、烘焙中出现任何错误都可导致蛋糕的缺陷与失败，应如何避免？

收集国外有名的巧克力蛋糕的资料、图片。

任务2 巧克力糖的制作

【学习目标】

★了解、掌握巧克力的知识及使用方法。

★熟悉巧克力糖的制作方法。

★掌握巧克力糖粘裹和塑形的方法。

巧克力糖，就是奶油巧克力糖，因其形状与西式菜肴中的名菜块菌很相似，所以也有人称巧克力块菌或巧克力明治等各种不同的昵称。在风味和外形上，巧克力糖种类形状繁多，有酒心的、果仁的、抹茶的、燕麦的，有圆形的、方形的、蛋形的，以及各种各样模具的，真是精彩纷呈，争奇斗艳。

【任务描述】

由于巧克力糖能量密集浓缩，体积小，便于携带，风味独特，甜而不腻，不易产生饱腹感，是理想的能量补充剂。巧克力能够补充人体每天对多种营养素的需求。在人们对巧克力的关注程度不断上升的同时，巧克力糖开始成为“主角”，一是在巧克力的保健作用中，它显得特别“突出”。另外，巧克力具有含糖量和脂肪含量低、样式小巧、百吃不腻的特点，深受消费者的青睐。

【任务分析】

18.2.1 制作原料分析

①巧克力：纯黑巧克力含相对较少的糖，可可含量必须在34%以上，50%的可可含量是巧克力爱好者的最爱，60%可可含量的巧克力更是巧克力制品的首选。纯巧克力一般含优质可可56%～70%（包含31%的可可脂，4%～29%的细砂糖，1%卵磷脂和纯香草精）。牛奶巧克力可可含量在20%～40%，含糖量较高，达到50%。

②水果与果仁：葡萄干、橙皮、柠檬片、樱桃、蓝莓、杏仁、腰果、核桃、开心果、榛子、松子等选用色好、新鲜、味正的，有些原料需要提前加工处理。

③甜香酒类：桑果酒、白兰地、利口酒、朗姆酒、樱桃酒、薄荷酒等更能凸显巧克力的醇香和味感。

18.2.2 制作要领分析

精致的巧克力糖需要经过粘裹或成型制作，覆盖上巧克力外皮。粘裹和塑形是制作巧克力糖的基本技术，主要是粘裹块菌、糖心、果仁等。糖心中的甜香酒和黄油可根据个人爱好适当加减调配，味道各有千秋。

18.2.3 制作过程分析

制作巧克力糖一般需经过准备工作、称量原料、制作巧克力糖心和巧克力糖成型等步骤。具体操作方法与注意事项如下。

1）准备工作

①设备用具：电磁炉、量杯、大小不锈钢碗、大理石案台、巧克力叉子、不锈钢网、抹刀、硅胶模具等。

②原料：巧克力、牛奶、黄油、樱桃白兰地、果仁等。

注意事项：工作前检查设备工具、原材料是否完好齐全，做好清洁卫生工作。

2）制作过程

（1）称量原料

巧克力糖原料及参考用量表

原料		烘焙百分比 /%	参考用量 /g	说明
巧克力糖	巧克力	100	1 300	—
	牛奶	4.6	60	以巧克力为基数计算
	黄油	2.3	30	
	樱桃白兰地	2.3	30	
	果仁	2.3	30	

注意事项：

①制品是直接食用的，一定要做好清洁卫生工作。为使制品有较好的效果，建议在空调房内操作。

②果仁不仅用来装饰，还可以碾碎或整粒做主料。

（2）制作巧克力糖心

操作方法：

①在锅内放入牛奶，加热至起泡。加入黄油，搅拌均匀。

② 300 g 巧克力切碎融化。

③将巧克力液加入牛奶黄油内调匀。

④最后加入樱桃白兰地，搅拌均匀后冷却。

⑤边冷却边搅拌，浓稠后即可。

注意事项：

①融化的巧克力不能太热，否则会出油。

②要少量多次加入酒，边加边搅拌。

（3）巧克力糖成型

操作方法：

①将做好的巧克力糖心用挤袋在案台上挤出长条或圆点，放入冰箱冷藏 10 分钟左右。

②取出冷藏好的巧克力糖心，稍做整理。

③将 1000 g 巧克力调至 30 ℃左右。

④将修整好的巧克力糖心用巧克力叉子放入调温的巧克力液中粘裹一层，放于不锈钢网上。

⑤在巧克力糖上安上果仁或用白巧克力拉上线条即可。

注意事项：

①注意不要让案台、工具沾水，否则巧克力会越搅越硬。

②根据不同巧克力糖心选用不同形状的巧克力叉子。

③粘裹巧克力液时要注意不能有气泡。

④在修整巧克力糖心时也可将果仁包入。

【任务考核】

学员以 6 人为一个小组合作完成巧克力糖制作技能训练。参照制作过程、操作方法及注意事项进行练习，共同探讨巧克力糖的制作并完成训练进度表。

训练内容	训练重点	时间记录	训练效果	改进措施
巧克力糖的制作	准备工作			
	制作巧克力糖心			
	巧克力调温			
	成型			
	装饰			
	安全卫生			

【任务评价】

以小组为单位，由组长组织，教师指导，按下表中的要求做出相应的组内评价和小组互评，通过讨论给出任务完成效果等级。

评价项目	序　号	评价要点	组内评价	小组互评	教师评价
巧克力糖的制作	1	糖心的制作	A 达标 /B 不达标	A 达标 /B 不达标	A 达标 /B 不达标
	2	巧克力调温	A 达标 /B 不达标	A 达标 /B 不达标	A 达标 /B 不达标
	3	成型	A 达标 /B 不达标	A 达标 /B 不达标	A 达标 /B 不达标
	4	装饰	A 达标 /B 不达标	A 达标 /B 不达标	A 达标 /B 不达标
	5	30 分钟内完成制品	A 达标 /B 不达标	A 达标 /B 不达标	A 达标 /B 不达标
	6	完成任务效果	优秀：≥ 4A 合格：3A 不合格：＜ 3A	优秀：≥ 4A 合格：3A 不合格：＜ 3A	优秀：≥ 4A 合格：3A 不合格：＜ 3A

【任务拓展】

果仁巧克力圆糖

原料：巧克力 100 g，黄油 25 g，牛奶 25 g，蜂蜜 15 g，白兰地 5 g，杏仁碎 25 g。

制作过程：

①在锅内放入牛奶，加热至起泡，加入黄油搅拌均匀。巧克力切碎融化。将巧克力液加入牛奶黄油内调匀。加入白兰地，最后加入杏仁碎搅拌均匀后冷却。

②把巧克力糖心挤成圆球形，冷藏 3 分钟取出，用手搓圆，再冷藏 2 分钟。

③将冷藏好的巧克力糖心用巧克力叉子放入调温的巧克力液中粘裹一层，放于不锈钢网上晾干，在表面用不同色的巧克力拉出些线条即可。

【任务反思】

通过完成该项任务，思考是否掌握以下技能：

①巧克力糖的储存方法。

②巧克力原料的选购方法。

鉴赏巧克力可以从多方面入手，一块好巧克力有近百种甚至几百种味道，每块巧克力都有独特之处，我们可以从外观、嗅觉、断层、品尝、融化速度等来鉴赏巧克力的品质。

整理巧克力的营养与食用方法。

项目实训——巧克力制品的制作

一、布置任务

1. 小组活动：根据巧克力制品的制作方法，依据收集的资料，小组成员讨论制作 2 ~ 3 款有自己小组特色的巧克力。

2. 个人完成：实习报告册的书写。

3. 小组完成：小组长根据岗位的需求分工完成品种的制作。

二、实训准备

1. 小组长完成原料单的填写。

2. 小组成员负责设施设备的检查和准备。

三、实训步骤

1. 小组长根据岗位的需求将任务细化，分配给小组成员。

2. 各小组成员在规定的时间内完成产品制作。

3. 各小组做好各项工作记录，填写评价表。

四、小组评价

1. 制作巧克力制品应掌握哪些知识？

2. 制作一款合格的巧克力制品应掌握哪些制作步骤？

3. 制作巧克力制品应掌握的技能要领有哪些？

4. 产品送评，请老师和其他小组成员品尝及点评。

五、综合评价

综合评价包括制作评价和个人能力评价。主要项目如下：

1. 巧克力蛋糕制作评价。

巧克力蛋糕制作评价表

评价项目	序　号	评价要点	组内评价	小组互评	教师评价
巧克力蛋糕的制作	1	巧克力选用及处理	A 达标 /B 不达标	A 达标 /B 不达标	A 达标 /B 不达标
	2	面糊调制	A 达标 /B 不达标	A 达标 /B 不达标	A 达标 /B 不达标
	3	操作过程、手法	A 达标 /B 不达标	A 达标 /B 不达标	A 达标 /B 不达标
	4	烘焙熟制	A 达标 /B 不达标	A 达标 /B 不达标	A 达标 /B 不达标
	5	90 分钟内完成制品	A 达标 /B 不达标	A 达标 /B 不达标	A 达标 /B 不达标
	6	安全卫生	A 达标 /B 不达标	A 达标 /B 不达标	A 达标 /B 不达标
	7	完成任务效果	优秀：≥ 4A 合格：3A 不合格：< 3A	优秀：≥ 4A 合格：3A 不合格：< 3A	优秀：≥ 4A 合格：3A 不合格：< 3A

2. 巧克力糖制作评价。

巧克力糖制作评价表

评价项目	序　号	评价要点	组内评价	小组互评	教师评价
巧克力糖的制作	1	巧克力选用及处理	A 达标 /B 不达标	A 达标 /B 不达标	A 达标 /B 不达标
	2	糖芯的调制	A 达标 /B 不达标	A 达标 /B 不达标	A 达标 /B 不达标
	3	沾裹的过程、手法	A 达标 /B 不达标	A 达标 /B 不达标	A 达标 /B 不达标
	4	装饰	A 达标 /B 不达标	A 达标 /B 不达标	A 达标 /B 不达标
	5	安全卫生	A 达标 /B 不达标	A 达标 /B 不达标	A 达标 /B 不达标
	6	50 分钟内完成制品	A 达标 /B 不达标	A 达标 /B 不达标	A 达标 /B 不达标
	7	完成任务效果	优秀：≥ 4A 合格：3A 不合格：＜ 3A	优秀：≥ 4A 合格：3A 不合格：＜ 3A	优秀：≥ 4A 合格：3A 不合格：＜ 3A

3. 个人能力评价。

个人能力评价表

内　容			评　价	
学习目标		评价项目	小组评价	教师评价
知识	应知	1. 基本原料的选择及使用	A. 优　B. 良 C. 一般	A. 优　B. 良 C. 一般
		2. 各种巧克力的性能	A. 优　B. 良 C. 一般	A. 优　B. 良 C. 一般
专业能力	应会	1. 熟悉巧克力制品的制作流程及工艺	A. 优　B. 良 C. 一般	A. 优　B. 良 C. 一般
		2. 掌握巧克力制品的制作技术要领	A. 优　B. 良 C. 一般	A. 优　B. 良 C. 一般
		3. 掌握调温方法	A. 优　B. 良 C. 一般	A. 优　B. 良 C. 一般
通用能力	团队组织、合作能力	合理分配细化任务	A. 优　B. 良 C. 一般	A. 优　B. 良 C. 一般
	沟通、协调能力	同学间的交流	A. 优　B. 良 C. 一般	A. 优　B. 良 C. 一般
	解决问题能力	突发事件的处理	A. 优　B. 良 C. 一般	A. 优　B. 良 C. 一般
	自我管理能力	卫生安全	A. 优　B. 良 C. 一般	A. 优　B. 良 C. 一般
	创新能力	品种变化	A. 优　B. 良 C. 一般	A. 优　B. 良 C. 一般

续表

内容			评价	
学习目标		评价项目	小组评价	教师评价
态度	爱岗敬业	态度认真	A. 优 B. 良 C. 一般	A. 优 B. 良 C. 一般
个人努力方向与建议				

附 录

附录1　西点常用设备和工具图示

一个好厨师不仅要有好的手艺，还要有好的设备与工具，好的设备与工具 + 精湛的手艺 = 优质的产品。

随着现代人们的物质生活水平的大幅度提高，西点制作面临着巨大的挑战。完备的、先进的设备是西点制作的重要硬件之一。用于西点制作的设备较多，即使是同一类型的设备，其外观、构造、性能、质地等也不尽相同。

工具是西点制作必不可少的，工具的材质有不锈钢、无味塑胶、枣木、锡、纸等，不论什么质材，都要求无毒、无异味、耐热、不变形、易清洗。

工具和机械设备使用前一定要先了解其性能、工作原理和操作要求，严格按照操作规程使用工具和机械设备，注意使用前后都要清洁器械及工具。安全、节约用电，避免电器受潮和用湿手操作电器；不锈钢模具用完后要及时清洗并擦干水分；木制模具使用完剔除粘附在上面的杂物，用热水洗净吹干水分再放入工具柜中保存。常用的设备与工具如下：

一、设备

烤炉——又叫烤箱，是生产面包、西点的关键设备之一。烤炉的式样很多，没有统一

的规格。按热能来源分有电烤炉和煤气烤炉；按原理分有对流和辐射式两种；按构造分有单层、双层、三层等组合式烤炉；还有立体旋转式烤炉、平台链条式烤炉等。

搅拌机——具有搅打、揉制的作用，是揉制面团、制作面包的主要机械之一。大型搅拌机用于10千克以上原料搅拌；常用的万能搅拌机用于5千克以下原料搅拌；小搅拌机也叫奶油搅拌机，用于鲜牛奶的搅拌。

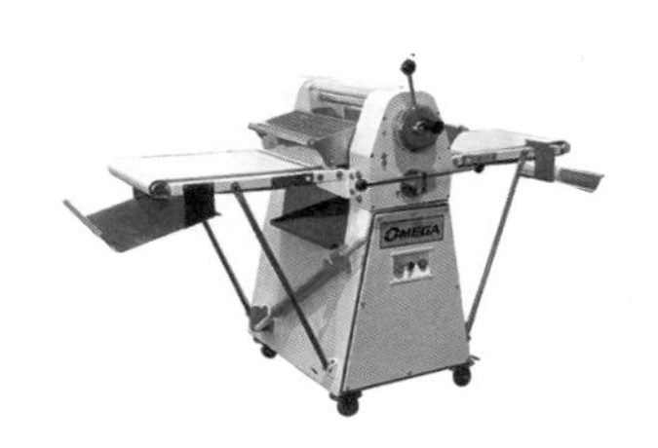

压面机——由机身、马达、传送带、面皮薄厚调节器、传送开关等构成，有立式和平台式两种。立式用于压制面团，使其平整无多余气体；平台式多用于制作酥皮和丹麦皮、牛角包等。

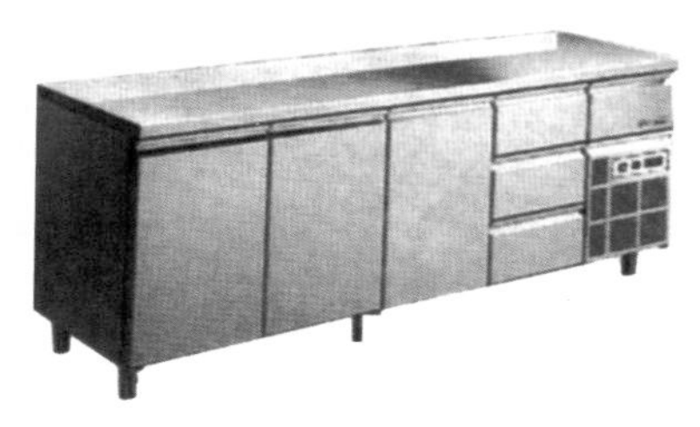

冰箱——有冷藏和冷冻之分。冷藏箱能使食品保存在4 ℃以下，防止细菌生长、食物受损变质。冷冻箱则用来长时间保存食物或保存冷冻食品。

炸炉——一般以电、气为能源加热，内有类似于恒温器的设施，来调节温度使其保持所需的温度。炸炉分为自动炸炉和高压炸炉。

发酵柜、烤盘架——质地为不锈钢，发酵柜有温度和湿度调节，用于面包的发酵。烤盘架放置烤盘和冷却烤好的制品。

案台——分木案台和不锈钢案台，用于制作各种西点。

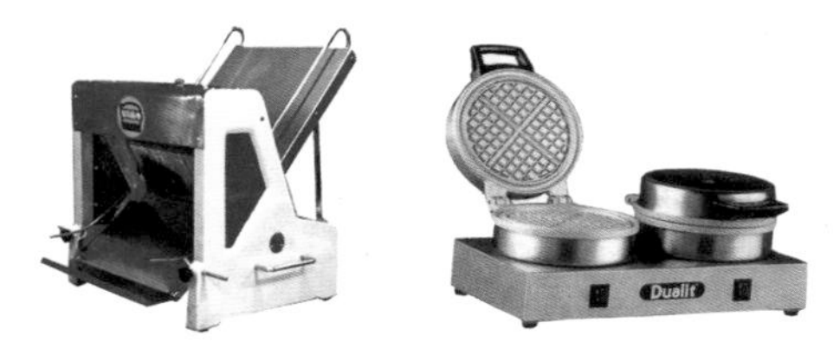

切片机、华夫炉——切片机用于切制方包、吐司，常用规格多为 24 片，食物厚度比用手工削的更均匀，大小更一致。华夫炉也叫煎饼炉，装配不锈钢机身，高速电发热管，两头独立控制，自带不粘锅面层，清洗时注意不要刮划。

二、工具

秤——烘焙产品不同于中式菜肴，要制作成功的产品，一定要有精确的称量。

秤有台秤和平秤两种，平常选用 1 千克秤即可，刻度越精细越好。

锅——常用于煮制各种汁、馅或煎制制品。

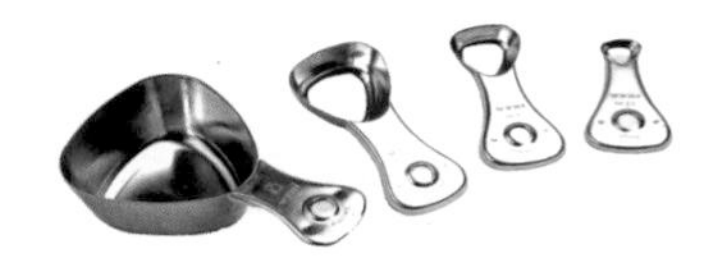

量杯、量勺——用来称量材料，如水、油等。通常有大小尺寸可供选择。量勺用来量极少的物质，分为 1 汤勺、1 茶勺、0.5 茶勺和 0.25 茶勺 4 种型号。

筛网——主要用途是过筛，多用于筛粉类材料和糊状食品。

擀面棍——用于擀制酥类制品、派挞类制品、丹麦松饼面团及其他小产品。最好选用不锈钢或木质结实、表面光滑的，尺寸依据制品原料用量选择。

刮板——有硬刮、软刮、齿刮之分。硬刮多用于案台调制面团、馅心；软刮用于刮净盆内的面糊或馅心；齿刮用于刮奶油和巧克力，使其出现各种不同的线条和花纹。

刀——西点刀用于切蛋糕用；锯齿刀用于切面包用；抹刀用于涂抹鲜奶油和果酱、果膏等；推铲用于巧克力成型和各种薄脆小饼。

轮滑刀——单轮滑刀主要用来切面团和烤熟的比萨；五轮滑刀也叫牛角包专用滑刀，可

将面皮分切成均等的若干个等腰三角形；伸缩轮滑刀多用于丹麦面皮和酥皮的切割；塑胶刺轮滑刀是丹麦面皮和酥皮的方便工具。

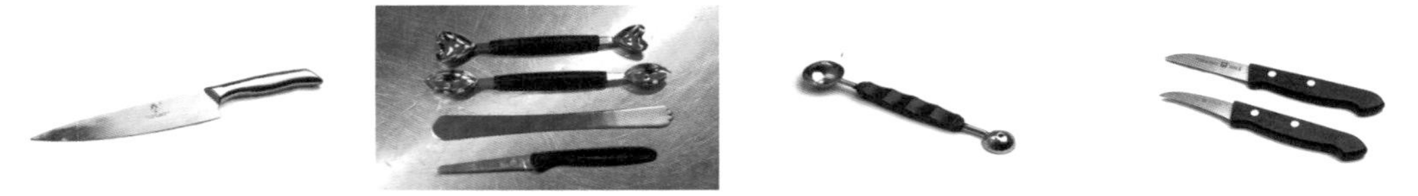

水果工具——用于将各种水果分切或挖制成各种形状，再装饰于制品。

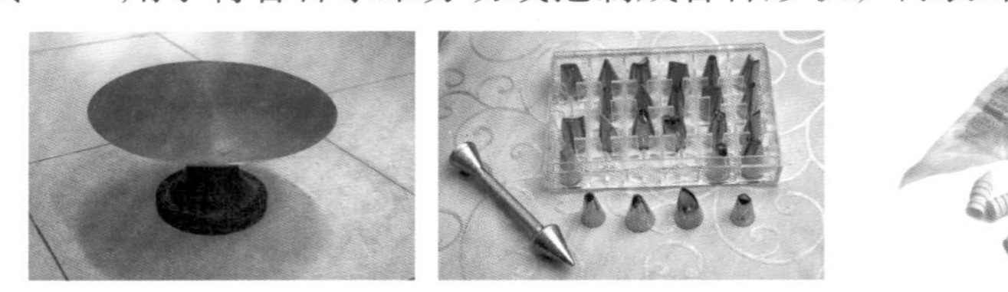

裱花工具——常用的有转盘、裱花袋、花托、花托支架、裱花嘴。

派盘——分脱底和密封底两种，多为合金材质，有不粘层，盘口直径有多种选择。

蛋糕模——分脱底和密封底两种，多为合金材质，模具直径有多种选择。

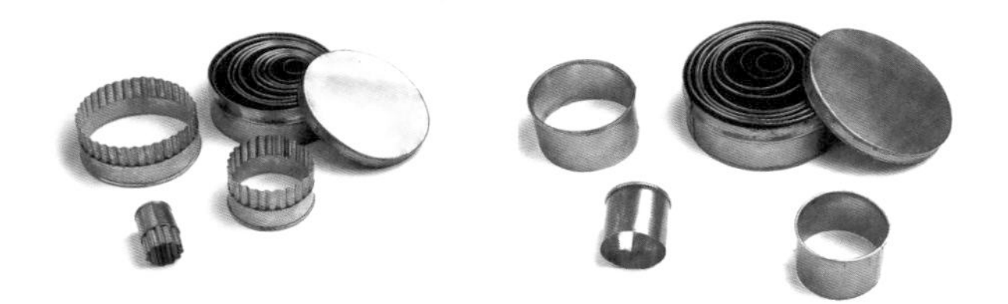

光吸——分花吸和圆吸，用于印制各种小饼、挞皮、巧克力等。

模具——用于各种面包、蛋糕、挞等的成型。多为合金材质，模具直径有多种选择。

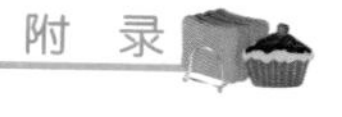

薄饼模——用于各种薄饼的成型。它不耐热，不能直接放入烤炉烘烤，只限于生坯成型。

布丁果冻模——用于各种慕斯、布丁、果冻的成型。

各种锡模——可以直接放入烤炉进行烘烤或用于装饰制品。

多面刨——有四个操作面，分别加工不同规格的丝、条、片和屑末。主要用来加工柳丁、柠檬。

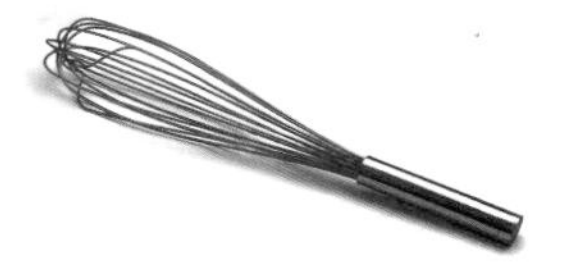

蛋抽——是同不锈钢丝卷成环状固定在柄上的一种工具。用来搅打鸡蛋、奶油，或者比较稀且分量不多的液体。

温度计——多用于测量发酵面团、巧克力溶液和一些液体的温度，以利于正确掌握制品的最佳操作时间。

附录2　西饼房常用中英文词汇对照表

饼房原料类

（油类）

黄油　butter
植物油　vegetable oil
葵花籽油　sunflower oil
芝麻油　sesame oil
大豆油　soybean oil
椰子油　coconut oil
花生油　peanut oil
起酥油　shorting
牛角油　croissant butter
沙拉油　salad oil
猪油　lard
人造黄油　margarine
可可脂　cocoa butter
无盐黄油　unsalted butter

（糖类）

粗白糖　granulated sugar
方糖　cube sugar
晶体糖　crystals sugar
黄糖　brown sugar
枫叶糖浆　maple syrup
方旦糖　fondant
焦糖　caramel
葡萄糖　glucose
糖粉　icing sugar
麦芽糖　melt syrup
蜜糖　honey
玉桂糖　cinnamon sugar
益寿糖　isomalt
椰糖　palm sugar
金师糖浆　lyle’s golden syrup
果糖　fructose
木糖　xylose
山梨糖醇　sorbitol
糖膏　fillmass

（粉类）

面包粉　bread flour
蛋糕粉　cake flour
芝士粉　cheese powder
泡打粉　baking powder
苏打粉　baking soda
臭粉　ammonia
吉士粉　custard powder
黑麦面粉　rey flour
全麦面粉　whole wheat flour
自发面粉　self-rising flour
通用分　all purpose flour
面包改良剂　dough improve powder
粘米粉　tapioca powder
芝士粉　cheese powder
五香粉　five spice powder
豆蔻粉　nutmeg powder
速溶吉士粉　instant custard powder
糯米粉　glutinous rice flour
可可粉　cocoa powder
咖啡粉　coffee powder
玉米粉　corn starch
玉桂粉　cinnamon powder

速溶咖啡 instant nescafe
奶粉 milk powder
杏仁粉 almond powder
榛子粉 hazelnut powder
银箔 silver leave
金箔 gold leave
绿茶粉 green tea powder
铜粉 copper powder
银粉 silver powder
金粉 gold powder
辣椒粉 chilli powder
胡椒粉 peper powder
土豆粉 potato powder
巧克力 chocolate
防腐剂 preservative
柠檬酸 citric acid
面包软化剂 crumb softener
荞麦 buckwheat

（干果类）

核桃 walnut kernel
杏仁 almond kernel
榛子 hazelnut kernel
澳大利亚坚果 macadamia nut
美洲山核桃 pecan kernel
腰果 cashew
松仁 pine nut kernel
花生 peanut
开心果 pistachio
板栗 chestnut
芝麻 sesame
干椰丝 desiccated coconut
葡萄干 raisin
杂皮果 mix candied peel
西梅干 dried prune
橙皮 orange peel
杏脯 dried prune
杏仁片 almond flake
杏仁粒 whole almond
柠檬皮 lemon peel
干红枣 dried date（chinese date）
槟榔 betelnut
蜜馅 sweetmeat
罐头水果 candied fruit

（酱类）

草莓酱 strawberry jam
橘子酱 orange jam
花生酱 peanut butter
开心果酱 pistachio paste
塑像杏仁膏 marzipan
芝麻酱 sesame paste
杏仁糕 almond paste
巧克力酱 chocolate gel
吉士酱 custard sauce
草莓果茸 stawberry puree
蓝莓果茸 blueberry puree
桑莓果茸 raspberry puree
苹果茸 apple puree
纯榛子酱 hazelnut paste
沙拉酱 salad sauce
杏酱 apricot jam

（奶油类）

甜奶油 sweet cream
淡奶油 whipping cream
意大利奶油芝士（马斯卡彭芝士）
mascarpone cheese
奶油芝士 cream cheese
酸奶 yogurt
酸奶油 sour cream
炼奶 condensed milk
黄油忌廉 butter cream
吉士奶油 custard cream
三花淡奶 evaporated milk
牛奶 milk
奶昔 curd
脱脂牛奶 skim milk（nonfat milk）

(香料类)

玉桂　cinnamon powder
丁香　clove
芫茜籽　coriander seed
豆蔻　nutmeg
百里香　thyme
迷迭香　rosemary
阿力根奴　oregano
蕃茜　parsley
香茅　lemon grass
薄荷　mint
他力根　tarragon
香叶　bay leaf
香草条　vanilla stick
黄姜粉　yellow ginger powder
西芹籽　celery seed
八角　star anise
香兰叶　pandan leaf

(水果类)

樱桃　cherry
热情果　passion fruit
牛油果　avocado
奇异果　kiwi fruit
甘蔗　sugar cane
黄皮果　wampee
草莓　strawberry
桑莓　raspberry
黑莓　black berry
火龙果　dragon fruit
油桃　nectarine
水蜜桃　water peach
香蕉　banana
红毛丹　rambutan
灯笼果　gooseberry
香橙　orange
西瓜　water melon
芒果　mango
哈密瓜　honey-dew melon
蓝莓　blueberry
葡萄　grape
柠檬　lemon
番石榴　guava
榴莲　durian
杨桃　star fruit
木瓜　papaya
无花果　fig

(酒类)

金万利　grand manier
苹果酒　cider
茴香酒　anisette
薄荷酒　mini wine
黑啤　stout
君度橙酒　cointreau
葡萄酒　wine
利口酒　liqueur
苦杏仁酒　amaretto vaccari
兰姆酒　rum
樱桃酒　kirsch
威士忌　whisky
香槟　champagne
雪利酒　sherry
白兰地　brandy
咖啡酒　kahlua

(果胶类)

转化糖　trimoline(invert sugar)
益寿糖　isomalt
苹果胶　pectin
棉花糖　marshmallow
橡皮糖　rubber sugar
酒石酸　tartaric acid

(香精类)

玫瑰露　rose water
芒果香精　mango essence

香草香精 vanilla essence
椰子香精 coconut essence
香兰香精 pandan essence
巧克力香精 chocolate essence
草莓淋面 strawberry topping
开心果淋面 pistachio topping
奇异果淋面 kiwi topping
桑莓淋面 raspberry topping
巧克力淋面 chocolate topping
蓝莓淋面 blueberry topping
芒果淋面 mango topping
酸奶 sour milk
橄榄油 olive oil
玉米油 corn oil
意大利玉米粒 polenta
防潮糖粉 snow sugar
杂粮装饰粒 coarse cereals
decorate with granule
佛卡怡粉 flour foccacia mix
加拿大面包粉 flour–bread canada
玉米粒 polenta
烘焙碱 pretzel zip
烘焙盐 pretzel salt
塔塔粉 tartar powder
琼脂 agar–agar
鱼胶片 gelatine leaf
麦麸面粉 bran flour
麦片 oatmeal
肉松 pork floss
南瓜子仁 pumpkin seed
葵花籽仁 sunflower seed
原味爆谷米 plaintasta popcorn
五皇蛋糕油 angel cake oil
鸡蛋 egg

饼房器具类

和面机 dough mixer
压面机 dough sheeter
烤炉 oven
多用搅拌机 stirring beating
冷藏冰箱 fridge
冷冻冰箱 freezer
搅拌棍 mixing rod
磨刀棒 sharpening steel
打碎机 masher
温度计 thermometer
发酵柜 proof box
恒温巧克力机 warmer
榨汁机 juice extractor
切丝机 shredder
铜制锅 copper pan
擀槌 rolling pin
土司盒 toast mold
挤袋 pastry bag
烤盘 baking tray
花嘴 star nozzle
平嘴 plain nozzle
牛角包分器 croissant cutter
奶头包模 broiche moudle
蛋糕圈 cake ring
抹刀 palette knife
调色刀 palette knife
电子秤 electron scale
蛋糕分割器 cake divider
丹麦包分割器 danishwheelcutte
剪刀 scissor
布丁盅 pudding basin
搅拌机 mixer machine
水桶 bucket
面包台 bread table

冰淇淋勺　ice cream scoop
削皮刀　peeler
煤气炉　gas range
木勺　wooden spoon
糖温度计　sugar thermometer
漏斗　funnel
搅拌器　balloon whisk
砧板　block
量杯　measuring cup
滤网器　strainer
撇末器　skimmer
半球形的　hemispherical pan
星嘴　star nozzle
卡模　cutter
叉　fork
粉铲　flour scoop
罐头刀　can opener
切割轮　cutter wheel
手套　gloves
厨师帽　chef ’ s hat
烤盘用纸　baking paper
蛋糕圈　cake ring
转盘　revolving cake stand
筛子　stopper（ cork ）
蒸锅　steam kettle
高压锅　pressure cooker
食橱　cup board
旋转烤炉　rotary oven
工作台　work table
微波炉　microwave oven
洗碗机　dish washer
柜台　counter
华夫机　waffle iron
木槌　mallet
橡胶刮板　rubber scraper
冰箱　refrigerator
盆　pan
托盘　plateau
管　tube
煮糖锅　sugar sauce pan
刮片刀　scraper
曲形抹刀　elbowed pastry
平底盆　flat bottom
碗　bowl
三脚架　spider
空调　air–conditioning
油炸锅　deep fat fryer
汤锅　stock pot
细眼锥形滤器　chinois
锯　saw knife
双层蒸锅　bain–marie
上烤炉　salamander
千克　kilo
克　gram
盎司　ounce
磅　pound
度数　degree
滤干用的（箩）　colander
洗条槽　sink
长柄勺　ladle
（细）筛　sieve
手推车　trolley
挤花嘴　pastry tube
油纸挤袋
grease proof（paper piping bag）
切面器　divider
坚果钳　nut cracker
脱开式蛋糕模　springform pan
滚圆机　rounder
研钵　mortar
罐子　jar
去核器　corer
粉铲　flour scoop
耐高温胶垫　silicon baking paper
打碎的搅拌机　blender
切片机　slicer
吐司机　toaster
铲状　paddle

保存期限 shelf life
发酵箱 proof boxes
蛋糕转台 cake turntable
冰箱 refrigerator
垂直搅拌机 vertical mixer
勾状搅拌机 hack mixer
保鲜纸 locker paper
铲刀 palette knife
耐热手套 heat-proof glove
派盘 pie tin
喷水器 sprayer
去壳器 sheller
架子 shelf
带孔的勺 slotted spoon
四面刨 grater
开红酒器 cork screw
漏勺 spider
锥形模 horn core
沙锅 casserole
搅拌器 beater
刷子 brushes
锡箔纸 foil
塑料刮刀 spatula plastic
粉筛子 flour sift
球状搅拌器 wire whip
转印纸 plastic mask
拌料盆 mixing bowl
洗手池 hand sink
旋转炉 rotary oven
螺旋搅拌机 spiral mixer

蛋糕 面包品名

丹麦包 Danish pastry
牛角包 croissant
蛋挞 egg tart
葡挞 portuguese egg tart
吉士包 custard bread
奶头包 brioche
盐水碱包 pretzel
黑麦包 rye bread
牛轧包 nought
烩樱桃 cherry jubilee fragance
饼干 cookies
布丁 pudding
脆饼干 biscuit
苏打饼干 soda cracker
泡芙条 eclair
薄饼 griddle cake
脆糖饼糊 brandy snap
苏夫力 souffle
蛋白酥饼 meringue
婚礼蛋糕 wedding cake
佛罗仑沙饼干 florentine
夏季布丁 summer pudding
查佛球 truffle chocolate boll
蛋糕胚 cake sponge
巧克力喷泉 chocolate fountain
皇冠酥饼蛋糕 geteau st-houore
马德拉蛋糕 maderia cake
栗子蛋糕 chestnut cake
戚风蛋糕 chiffon cake
天使蛋糕 angel cake
杏仁蛋糕 almond cake
法式薄饼 crepe
复活节十字面包 hot cross bun
微夫饼 wafer
辫子面包 plait bread
苏格兰松脆饼 scottish shortbread
奶昔 milk shake
油酥饼 shortcake

香蕉包　banana bread
马芬　muffin
司康饼　scone
奶油泡芙　cream choux
大理石黄油蛋糕　marble butter cake
大理石芝士蛋糕　marble cheese cake
紫菜肉松卷　laver with pork floss roll
面包卷　bread roll
糯米糍　kueh koci
软包　soft roll
硬包　hard roll
法包　french bread
水果蛋糕　fruit cake
沙律包　salad bread
香草蛋糕　vanilla cake
黄油面包布丁　butter bread pudding
千层糕　kueh lapis
胡萝卜蛋糕　carrot cake
黄油饼干　butter cookies
菠萝面包　kaya polo bun
香兰蛋糕　pandan sponge cake
肉松包　pork floss roll
冰淇淋　ice cream
雪芭　sorbet
芭菲　parfait
千层酥　mille feuille
班戟　pancake
华夫饼　waffle
玫瑰果冻　rose jelly
布丁　pudding
甜面团　sweet dough
咸面团　salt dough
巧克力浓郁蛋糕　chocolate fudge cake
黑森林蛋糕　black forest cake
沙架蛋糕　sacher cake
芝士蛋糕　cheese cake
提拉米苏　tiramisu
柠檬挞　lemon tart
奶油布丁　panna catta
芝士条　cheese stick
核桃包　walnut
吐司面包　toast bread
黑吐司　rye toast
全麦包　whole wheat bread
蒜蓉包　garlic bread
佛卡恰面包　foccacia
面包棍　grissini
面包片　lavosh
汉堡包　hamburger
热狗包　hot-dog bread
中东包　pita
培果　bagel
酸包　sour bread
恩巴达面包　cibata bread
比萨　pizza
阿拉伯大饼　arabic bread
法师炖蛋　crème brulee
水果挞　fruit tart
三明治　sandwich
鸡肉派　chicken pie
水果串　fruit kebabs
剧本蛋糕　opera cake
瑞士卷　swiss roll
奶油气臌　choux
林次挞　linzer sponge
奥赛罗　othello
手指饼　finger sponge
中东饼　baklava
撒巴扬　sabayon
香草脆饼　vanilla croissant
马卡隆　macaroon
拿破仑酥　napoleon cake
黄桃酥点　peach jalousie
天鹅泡芙　swan puff
阿卡沙蛋糕　alcazar cake
焦糖布丁　caramel pudding
杏仁豆腐　almond curd
沙宝饼干　sable cookies

钻石饼干 diamond cookies
雪绒花饼干 edelweiss
农夫包 farmer bread
麦酥面 pastry puff dough
装饰面 decorated dough
苹果卷 apple strudel
圣诞面包 stollen
姜包 ginger bread

参考文献

[1] 劳动和社会保障部培训就业司，劳动和社会保障部职业技能鉴定中心. 国家职业标准汇编：第一分册[M]. 北京：中国劳动社会保障出版社，2003.

[2] 人力资源和社会保障部教材办公室，中国就业培训技术指导中心上海分中心，上海市职业技能鉴定中心. 西式面点师（三级）[M]. 2版. 北京：中国劳动社会保障出版社，2016.

[3] 钟志惠. 西点制作工艺[M]. 上海：上海交通大学出版社，2011.

[4] 秦辉，林小岗. 面点制作技术[M]. 2版. 北京：旅游教育出版社，2016.

[5] 王立职. 咖啡调制与服务[M]. 北京：中国铁道出版社，2008.

[6] 邓泽民，侯金柱. 职业教育教材设计[M]. 北京：中国铁道出版社，2012.

[7] 陈怡君. 西式面点制作教与学[M]. 3版. 北京：旅游教育出版社，2017.

[8] 周旺. 中国名点[M]. 北京：高等教育出版社，2003.

[9] 季鸿崑，周旺. 面点工艺学[M]. 2版. 北京：中国轻工业出版社，2006.

[10] 陈霞，朱长征. 西式面点工艺[M]. 武汉：华中科技大学出版社，2020.

[11] 罗因生. 西式面点制作基础教程[M]. 北京：中国轻工业出版社，2020.

[12] 应小青. 西点工艺[M]. 2版. 杭州：浙江工商大学出版社，2018.